树·城市·人

胡永红 秦俊 主编

中国建筑工业出版社

图书在版编目（CIP）数据

树·城市·人 / 胡永红，秦俊主编．—北京：中国建筑工业出版社，2023.12
ISBN 978-7-112-29370-4

Ⅰ.①树… Ⅱ.①胡… ②秦… Ⅲ.①城市—园林设计—景观设计—研究 Ⅳ.①TU986.2

中国国家版本馆CIP数据核字（2023）第233179号

责任编辑：杜　洁　孙书妍
书籍设计：锋尚设计
责任校对：王　烨

树·城市·人
胡永红　秦　俊　主编
*
中国建筑工业出版社出版、发行（北京海淀三里河路9号）
各地新华书店、建筑书店经销
北京锋尚制版有限公司制版
北京富诚彩色印刷有限公司印刷
*
开本：880毫米×1230毫米　1/32　印张：6　字数：140千字
2023年12月第一版　2023年12月第一次印刷
定价：**48.00**元
ISBN 978-7-112-29370-4
（42000）

本书编委会

主　　编： 胡永红　秦　俊

参与编写： 杜　诚　叶　康　王凤英　寿海洋
刘　夙　商侃侃　邢　强　郗　旺
王红兵　王西敏　张　哲　王宋燕

图片作者： 叶　康　李　凯　沈戚懿　王昕彦
张庆费　杜　诚　商侃侃　邢　强
汪　远　彭红玲　屠　莉　严　靖

序

多年以来，胡永红团队一直专攻的课题之一就是城市植物栽培技术领域，已经取得了一系列令人瞩目的成就。我之前曾经推荐过的“城市生态修复中的园艺技术系列”专著，就系统地总结了这些成果。然而，如何能让更广泛的受众——包括一般公众、城市管理者和从业人员——也能理解并应用这些成果？这就需要科普团队出场，用更简单的语言来介绍。

这本书的出版，就填补了这一空白，它以浅显易懂的方式、通俗生动的语言向大家介绍了城市树木（包括各种园林植物）的价值和应用方式，让更多人有机会了解如何在城市中再造自然。不仅如此，与之前的学术专著相比，这本书又有进步，就是面向未来更长远地思考如何在城市中建设更高品质的绿色景观。这包括城市植物的筛选（如何从地域到群落的不同等级中选择植物）、生境改良（如何保证栽培介质的可持续性，以及微生物活性的不断提高）以及树木与城市发展空间（包括地上和地下空间）的更好融合。这些进步都是通过不断的试验和实验取得的成果。

尽管上海与发达国家相比在城市绿化建设方面存在一定差距，但上海在国内已经取得了良好的起步。在国际成果基础上，上海的园艺学家进行了更全面、更长远的思考，将城市绿化与上海城市发展更好地融合起来。这些努力不仅更有针对性，也更具实际可行性。这些问题并不是简单地发表几篇论文就能解决的，而是需要在找到最佳方法后，通过规模化的推广来解决。虽然创新并不可能百分之百成功，但国际上已经在这个领域做了至少20多年的工作，在其基础上，上海团队通过进一步的“在地化”工作，取得更有意义和前景的成果，当然是很有希望的。

本书的写作目的，既是传达国际上的最新发展，又旨在让公众也能跟上现代技术的步伐。创新永无止境，下一步的挑战将是继续深入研究城市树木，探索如何使它们成为长期陪伴人类和城市的“风水树”，而不仅是简单的绿化元素。虽然前路漫长，但我坚信胡永红团队一定会成功。

让我们期待着这本书能给您带来的启发和知识，希望它能为城市绿化事业贡献一份力量。

我很高兴为《树·城市·人》这本书作序。

2023年12月

目录
Contents

序

0 引言　在城市里种好树的先决条件　001

1 为什么城市里需要树？　009

1.1　我们的城市怎么了？　012
1.2　现代城市人离不开树　018

2 城市中还有哪些空间可以供植物生长？　023

2.1　如何为城市里的建筑披上绿装？　028
2.2　建筑的各个立面都能种什么植物？　032
2.3　建筑立面的绿化方式有哪些？　038
2.4　屋顶花园——建筑及环境的点睛之笔　042
2.5　如何让城市的绿色动起来？　048
2.6　高架道路下绿化空间潜力有哪些？　052

3 城市增绿，意义何在？　057

3.1　建筑上的植物，原来有这么多好处　060
3.2　行道树——城市人最亲密的朋友　064
3.3　城市的绿屋顶有什么价值？　066
3.4　农场可以搬到楼房的顶上吗？　068
3.5　“天空”健身场可以近在家门口　072
3.6　屋顶花园能否召唤鸟类回归城市？　074

3.7 屋顶花园有助于延长建筑寿命吗？ 078
3.8 移动式绿化能给我们带来什么？ 082
3.9 会移动的植物怎样让城市更美好？ 086
3.10 城市里的“植物吸尘器” 090

4 在城市里种好树并不容易 095

4.1 城市环境对植物的影响 098
4.2 行道树为什么长不好？ 102
4.3 树木也有自己的需求 106
4.4 哪些植物能够在上海安家？ 110
4.5 乡土植物一定适用于城市绿化吗？ 114

5 种好城市里的树有很多门道 121

5.1 如何将盆景理论用于城市特殊生境再造？ 123
5.2 怎样在长江中下游城市种好树？ 127
5.3 打造屋顶花园，该如何选用绿植？ 131
5.4 屋顶花园的栽培介质有哪些要求？ 136
5.5 绿化模块系统中容器的特点 138
5.6 枯枝落叶也能用来改善树木的生长 142
5.7 城市自然再造及维持策略 146
5.8 如何让城市里的植物更加丰富多彩？ 150

6 城市中种树的应用示范 157

6.1 上海辰山植物园枫香广场应用示范 159
6.2 上海辰山植物园樱花大道应用示范 162
6.3 上海虹梅南路高架下立体绿化示范 164
6.4 上海辰山植物园绿环屋顶绿化示范 166
6.5 上海世博主题馆墙面绿化的应用示范 168

7 在城市里实现树与人的和谐 173

7.1 种下有历史的树，营建有温度的城 174
7.2 植物如何与城市生活融合在一起？ 179

引言

在城市里种好树的先决条件

摆在你面前的这本书，主要介绍的是在城市里的露天环境中种好植物的一些理念和经验，但不涉及具体的栽培技术。当然，植物有大有小，还有不同的类型，走在街头巷尾，最先映入眼帘的往往是高大的树木。在城市植物中，树木确实也拥有更重要的地位，要养好它们，需要花更大的功夫，这也是本书取名叫《树・城市・人》的原因，但实际上城市里各种栽培植物都属于本书讨论的范围。

在城市里种好包括树木在内的植物，需要很多先决条件。你可能首先会想到要有工具，什么水管、铁锹之类，最好还要穿上一身专门的工作服。不过比起这些物质上的先决条件，思想上的先决条件更为重要——要种好植物，首先要像了解人的需求一样，去了解植物的需求。说得再简单、夸张一点，就是要把植物当成人。

心理学界对人的需求曾经做过很多分析。早在20世纪中叶，美国一位叫马斯洛的心理学家就提出了“需求层次理论”，后来成了大众最熟悉的心理学理论之一。马斯洛认为，人最起码的需求是生理需求。比如我们需要喝水，因为水是维持生命必不可少的七大营养之一；我们还需要吃东西，因为食物除了能提供水分之外，还可以提供另外六大营养（碳水化合物、脂类、蛋白质、矿物质、维生素和膳食纤维）。用生态学的话来说，这七大营养是决定人类个体生存的关键“生态因子”。

▲上海辰山植物园著名景点“一棵孤独的树”

中国人常说“衣、食、住、行”是基本生活需求。严格分析起来，虽然衣服本身并不是维持人生存的生态因子，但人要健康生存，身体周边必须维持足够的温度，这个温度正是生态因子。穿衣服的最基本作用，就是帮助人维持温度。同样，虽然住房本身并不是生态因子，但它可以为人创造一个封闭的、私密的空间，每个人都可以根据自己的意愿，在室

外出现不利生存的环境（比如严寒、酷暑、狂风大作或暴雨倾盆）时，在这个封闭空间里营造一片生态因子适宜、体感舒适的小环境。

植物和人一样，也是生物，也需要适当的生态因子，以及能够间接提供适当生态因子的综合性生境。对于城市植物来说，空气、光照、温度、水和养分是最主要的生态因子。土壤则是植物的衣服，可以为植物体的地下部分（主要是根系）维持足够的空气、水、养分等生态因子。我们让植物生长在各种地方，如大街旁、屋顶或建筑物侧壁。即使在露天环境中，地形和物理因素仍然影响它们的生长。我们可以在这些并不算是良好环境的小空间中营造出适合植物生存的特殊环境，使它们感觉“舒适”。

▼上海辰山植物园一号门广场的白玉兰
通过土壤改良和小环境的营造，使得并不太适应上海自然环境的白玉兰在这里生长良好，满树繁花。

不仅如此，植物还有繁多的种类。虽然城市环境对很多野生植物来说是不适宜的居所，但能够在这里生活的植物仍然数以千计。正如每个人在饮食、衣着、室内布置等方面会有自己的个性化需求一样，每一种植物——甚至同一种植物的不同品种——都有自己的独特需求，要求我们分别去满足。

所以，在普通人心目中，与在植物园工作的园艺工作者心目中，植物的形象是不一样的。看到植物园里一棵盛开的樱花，也许你会更多地关注它的花有多美，自己怎样打扮站在树下拍照会比较吸引社交媒体上的关注；而对于养护樱花树的园丁来说，它实实在在就像一个人，有自己的需求和“脾气”，要求你去理解、去呵护，这样才能让它茁壮生长，年年开出这样的繁花。

看到这里，也许你会问出那个更深层次的问题：那么，我们为什么要在城市中种树呢？为什么非要照料各种各样的植物，让它们在城市中生长呢？

这些是很好的问题，也是难以回答的问题，因为它们并没有统一的、标准的、所有人都赞同的答案。不过在本书接下来的章节中，我们不会介绍各种具体的植物栽培技术，但我们会在城市中寻找可以栽培植物的空间、找到当下城市绿化存在的问题、探讨城市增绿的意义和路径，再给出几个典型的绿化案例，最后试图给出这些问题的答案。相信这些回答会对你有所启迪，让你在思考之后也能形成自己的答案。

▼ 上海辰山植物园樱花季的景观

1

为什么城市里需要树？

1.1　我们的城市怎么了？

1.2　现代城市人离不开树

在过去一万年的时间里，人们砍伐了原本茂密的森林，用来建设城市。然而，随着人们的环境和健康意识不断提高及城市化带来的问题日益严重，急需寻找解决方案。如今，人们希望通过在城市中重新种植树木来恢复城市原有的自然风貌。这种趋势逐步被认同和采纳，因为在城市中种树既可以缓解建筑密集、空气质量差等问题，又能够提供一个健康、舒适的环境。然而，城市中的绿化建设不仅仅是简单地种植一些树木。它需要经过规划和设计，分析城市现有建筑和道路结构，确定哪些区域适合种植植物。同时，还要选择适宜的树种，以保证它们在城市环境中良好地生长和发展。此外，植物的管理和维护也是必不可少的，以确保它们能长期可持续发展。

▶ 上海城市里的立体交通系统

历史上的城市在失去绿色的过程中崛起，虽然生活越来越便利，但这也使城市与人类本初的绿色环境渐行渐远。如今，人们已经认识到这一点，希望让城市重拾初心，重新变成一个充满生机和绿色的宜居之地。

1.1 我们的城市怎么了?

经历了40多年的快速发展和扩张，我国的城市规模不断扩大，城市经济实力持续增强，城市面貌焕然一新，城市发展取得了举世瞩目的成就。可以说，中国用短短40多年的时间就完成了西方200余年的城市化发展历程。2010年来，中国一年的水泥用量相当于美国在20世纪100年的用量。中国东部平原地区聚集的城市数量已经超过了欧洲和北美的城市数量之和，发展速度之快令全世界瞩目。

然而，超快的发展速度也与有限的环境承载能力产生了矛盾，人与自然在城市中不再那么和谐。如今，这个问题终于到了不得不面对的时候——我们的城市生病了吗?

◀上海浦东陆家嘴高楼林立

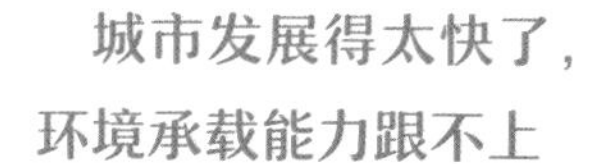

城市发展得太快了，环境承载能力跟不上

2000年以来，中国西部人口大规模向东部沿海地区集中，长三角、珠三角、京津冀等主要城市群及中心城市吸纳了大量流动人口，使得中国东部沿海地区人口分布更为集聚。这些人口集中区域的大型城市迅速膨胀，将远远超出其环境的承载能力。超出环境承载能力的直接后果就是城市内部环境脆弱性的增强，尽管大多数资源是可以通过搬运输入到城市之中的，但生态足迹、环境容量和污染物排放量则很难通过搬运得到解决，最终将会引起城市与生态环境之间的高度失衡。

城市污染源变化得太快了，治理方式跟不上

过去城市的主要污染物来自造纸、水泥、化工、电力等工业领域，近年来，大型城市的污染密集型产业大多得到了疏解，工业污染物占比逐渐缩小。而随着人民生活水平的不断提高，汽车尾气为主的生活源污染物成为城市的最主要污染源。

生活污染物不能像工业污染物那样通过改变产业结构、搬迁工厂等方式简单处理。一方面需要通过改变能源类型来减少污染物产生，另一方面还需要在城市中建设更多的生态设施消解掉一部分。一减一消才能更好地解决城市环境污染问题。

城市空间太拥挤了，缺乏自然空间

中国城市大多分布在东部平原地区，很多城市毗邻相连，缺乏自然空间，难以利用区域内的自然资源来平衡城市人口的生态足迹。研究显示只有超过10公顷以上的大型连续绿地才能有效地降低环境温度，在缺乏自然生态资源的中国城市寻找大规模的连续土地来营建人工森林是受到各种因素的严重制约的。

▶ 上海拥挤的城市空间

除了西南部有一些残存的山体外，上海几乎没有自然生态系统存在，城市空间与自然空间的矛盾在这里就显得尤为突出。因此，寻找一切可绿化空间，让城市水泥森林绿起来、连起来、多样起来，在城市中再造自然，提高建成区内的绿化数量和质量，才能有效地缓解这个矛盾，实现人与环境的和谐共处。

城市“热岛效应”太严重，人们快受不了了

人类的生产生活会影响城市的局地气候，在城市中逐渐形成了“热岛”。这些环境气候效应降低了城市居民的舒适度，为了提升生活的舒适度，需要释放更多的能量来调节环境温度，但这反过来又会进一步加剧城市的“热岛效应”。

城市“热岛效应”的最主要原因是地表的改变，能源产生的废热是次要因素，这与公众的普遍认知存在偏差。所以，通过改变地表的性质，增加绿化和浅色表面数量，将多余的太阳能吸收或反射，可以有效降低城市“热岛效应”。

用植物拯救生病的城市

其实我们完全不用讳言当前快速城市化中出现的种种“城市病”，因为这种现象是城市发展中必然会出现的。我们现在需要的，是正视发展中遇到的问题，吸取西方弯路上的经验教训，利用现有的城市生态技术将这些问题逐一解决，在这个过程中要充分重视和发挥植物的作用。最终，当中国的城市化达到70%至基本完成时，随着政策的完善和技术的进步，城市中人与生态环境的矛盾或许就能逐步化解，“城市病”将最终被我们“治愈”。这是世界的经验，也是我们有能力实现的愿景。

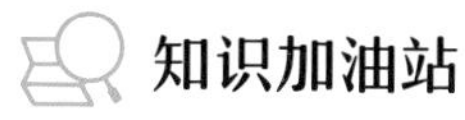

知识加油站

- **热岛效应**

“热岛效应”指的是城市或城市化地区相对于周边乡村或自然地区，其气温更高的现象。这是由于城市中人类活动和建筑物产生的热量、大面积的建筑物和铺装材料的吸收和辐射，以及缺乏植被等因素导致的。另外，由于人类交通运输活动和建筑物也会散逸热量，城市表面的温度比周边乡村地区要高，也会导致城市中出现热岛现象。

“热岛效应”会对城市居民的健康和城市环境的可持续性产生负面影响。城市规划和设计中可以考虑采用更多的绿色植被、减少城市建筑物的密度和热量产生，以及采用反射率较高的材料等手段来缓解热岛现象。

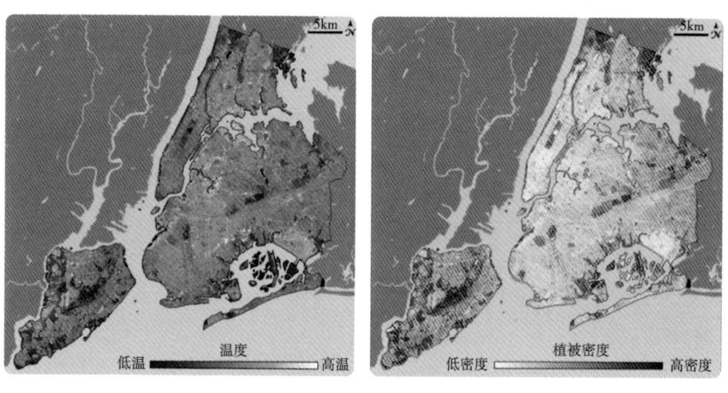

▲ 通过红外卫星图像拍摄美国纽约市周围的热量（左图）和植被（右图）位置，图像对比显示植被茂密的地方温度较低

1.2 现代城市人离不开树

人类的文明与植物一直是相辅相成的。人们在城市种植树木和其他植物可以追溯到古代。沙土之下的美索不达米亚文明已经隐入尘烟，而那座记载在尼尼微古城遗址浮雕上的空中花园则永恒地存在于全世界人民的心中。

古代的城市中植物大多是私有的

旧时代的城市没有公共绿化的概念。古代东西方的城市有一个共同点：树是私人的，花园是贵族的，城市的公共设施中往往不包含植物（虽然也有例外）。贵族或有钱人家会独立地打造出气势恢宏、奇珍郁郁的皇家园林或精致漂亮、咫尺万里的私家花园；普通人则会在庭前屋后稼桑植柳，兼顾生产与生活。城市道路旁的一棵大树可能成为路过行人歇脚的荫凉或是小商小贩临时的铺位，这种流量效应事实上会鼓

励人们在房屋附近种植一些树木。所以，城市中的植物大多要么种在私有花园里，要么种在半私有的宅前屋后。

近代城市开始出现了行道树

19世纪之前的伦敦、纽约等工业化城市，树木也是稀缺的资源。城市的主角是建筑，道路两旁的煤气灯杆是那个时代的标配。随着城市人口的激增，公共卫生条件愈发恶劣，传染病横行，这样的城市当然很难让人感到身心愉悦。但也正是这时候，人们逐渐发现树木对城市环境有着非常积极的作用，特别是在降低温度、吸收粉尘、净化空气等方面。于是，到19世纪中晚期，树木、公园等绿化设施便成了城市基础设施的重要组成部分，在城市里种植植物的概念逐渐普及。

▼“台北故宫博物院”藏，清院本《清明上河图》（部分）
当时城市道路两旁是没有树木的，城市里的树木大多依附于附近的房舍。

上海最重要的树——悬铃木

19世纪后期，上海成为中国一座被迫开放的新兴城市。幸运的是，在城市建设伊始，行道树和公园的建设就成了城市管理者的重要任务。上海最初的绿化树木大多是从周边农村收购来的垂柳、枫杨等，后来则选择了外来的悬铃木，因为它生长快、树冠大、成活率高。尽管在今天看来，悬铃木作为行道树存在着这样或者那样的不利因素，特别是其果序开裂后散布的毛屑会导致一些人过敏，但占据上海行道树数量四分之一的悬铃木无疑成了上海人心底最重要的精神标志之一。

城市中的植物创造美好新自然

到了20世纪，几乎所有的城市都在保护和种植树木及其他植物，植物已经成为现代城市建设的题中应有之义。它们与城市中其他众多公共设施一样，都让现代城市生活变得更美好。

如今，充分的研究已经表明，植物可以为城市带来绿意，可以吸收大量的有害物质，可以减少城市中的噪声，可以控制城市的地表径流；更重要的是，植物可以为动物提供栖息地，增加城市中的生物多样性。

植物，特别是树木，在城市中的功能似乎不仅仅是可以直观看到的生态功能。它们为城市不仅增添了美丽的景观，还为城市带来了生机和温馨。树木还可以成为社区的聚集地，为城市居民创造良好的社交环境。而且，城市中的人从小就与树木相伴，这些和城市人一起慢慢成长起来的大树便会承载人们的记忆，见证城市的历史与发展。在有的人看来，一棵树可以寄托一片乡愁，让人魂牵梦绕。当他们老去，就会怀念自己幼时常在其荫蔽下嬉戏的那棵大树，觉得自己是一片树叶，无论漂泊到哪里，都想要叶落归根。

21世纪的城市里不应当只有高楼大厦，还应该有更多的绿色生命，已经是城市人的共识。城市中大大小小的植物，以及依附植物生活的各种昆虫、鸟类和其他动物，就像形形色色的城市人一样，都是城市生命力的扩充。五彩缤纷的花果和树叶昭示着生命的多彩，即使是砖缝里钻出来的一株野草，也会迎接自己的春天，灿烂地面对城市喧嚣。

◀ 悬铃木是上海最常见的行道树之一

城市中还有哪些空间可以供植物生长?

2.1 如何为城市里的建筑披上绿装?

2.2 建筑的各个立面都能种什么植物?

2.3 建筑立面的绿化方式有哪些?

2.4 屋顶花园——建筑及环境的点睛之笔

2.5 如何让城市的绿色动起来?

2.6 高架道路下绿化空间潜力有哪些?

随着城市化进程的加快，多数大中城市的中心城区人口密度不断增加，土地资源日益紧缺且用地成本巨大。上海中心城区人口密度约为每平方公里2.3万人，建筑密度已经达到了极高的状态。人越来越多，楼越来越高，可用于绿化的土地资源越来越少，而且用地成本越来越大。

经过多年绿化建设，相对容易实施的公园绿地项目已大部分建成。地面平面绿化存量的扩展空间已经非常有限，仅仅依靠建设绿地、栽种行道树等传统地面绿化手段已无法适应城市绿化事业发展，也难以满足人民群众对于更好城市生态环境的需要。

立体空间是城市中植物新的生长地

想要突破城市绿化平面化瓶颈，在城市钢筋水泥骨架上进行建筑立面绿化，就得从土地的立体空间上拓展面积，建筑立面绿化是当今提高城市效率、维护城市生态平衡和改善城市环境的新方法。充分利用好这些立体空间，可以在基本不占用土地面积的前提下，提高建成区绿化覆盖率和空间绿视率，这对于降低建筑能耗、净化空气有很大作用。

建筑立面可以变成绿色空间

传统式的建筑立面绿化发展较早，主要使用攀缘植物借助攀缘器沿着墙体生长所表现出来的绿化效果，但这种方式在修剪和病虫害防治方面管理不便，有时疏于打理过于茂盛的枝叶会滋生蚊虫，甚至会有蛇、鼠等筑巢。还有些攀缘植物的攀缘器会分泌酸性物质，对建筑外表面带来不利影响，超出建筑结构承重时，甚至会带来危险。

建筑立面绿化的新型设施进一步改善和创新绿化形式，在城市高楼利用构架、栽培模块等设施依附于墙体，在模块内种植既有一定抗性又有一定观赏性的植物，或者利用植物种植模块层叠于高楼建筑立面上，可以高效地将植物布满建筑立面。

屋顶也是植物新的家园

屋顶花园通过把植物与建筑有机地融为一体，不仅为建筑带来了新的景观，提高了节能效能和居住舒适性，而且为城市天空增添绿色的天际线，营造出多元的生态空间。所以，屋顶花园基于其对城市环境改善的多重功能而获得了全世界的普遍接受，特别是人口拥挤的大城市更愿意推行屋顶花园。

作为建筑的第五面，屋顶花园弥补了地面绿化空间的不足，增加了城市绿化面积；同时，针对高楼林立的城市水泥“森林”，屋顶花园起到柔化建筑生硬表面的作用，延长建筑的使用寿命，并促进建筑的可持续性。屋顶花园还能够蓄截雨水，起到减缓暴雨径流的作用，这在当前由于全球气候变化而导致暴雨事件增多的形势下显得尤为重要。

建筑物的内部也可以种植植物

大型建筑物的天井、大堂可以通过提前预留种植空间种植观赏植物，也可以通过移动式绿化技术在室内空间中种植一些可移动的植物。移动式绿化的栽培基质经过特殊的配比可以提供植物生长所需的必要条件，还能够像盆栽那样轻易移动，将绿化从室外延续到室内。

随着科技的发展，未来可能会有更多的植物栽培方式，用科学技术的力量推动绿色生命在城市的角角落落、方方面面、里里外外生根发芽。那时候，生活在城市中的人们就像生活在自然中一样惬意。

▼悉尼中央公园一号的空中花园

▲建筑立面绿化

2.1 如何为城市里的建筑披上绿装?

给城市中单调的建筑穿上植物做成的绿装，让更多样的植物陪伴在我们生活周围，是从立体空间角度增加城市绿化面积的一种方式。哪些建筑的表面可以进行绿化？这是一个简单而又复杂的问题。用一句话来回答，即几乎所有的建筑立面都可以经过人类的努力来进行绿化，并达到理想的效果。

然而，事情又并非那么简单。这是因为随着人类文明的发展，尤其是城市的发展，导致建筑形式日渐复杂多样，这也决定了建筑立面绿化形式的丰富多彩。而城市化进程的加快又推动了建筑立面绿化的发展。

什么是建筑立面?

建筑是容纳人类活动的构造物，是人类对自然进行主观改造的产物，广义的建筑还包括有其他特殊功能的人造物。城市里几乎所有的人造物都可以视为广义的建筑。

建筑立面则是指建筑与建筑的外部空间接触的界面，一般指除屋顶外建筑所有外围护部分。在某些特定情况下，如特定几何形体造型的建筑屋顶与墙体表现出很强的连续性并难以区分，或为了特定建筑观察角度的需要将屋顶作为建筑的“第五立面”来处理时，也可以将屋顶作为建筑外立面的组成部分。

城市里能绿化的建筑

在园林和生态技术的加持下，城市里所有的建筑立面都能够进行绿化，一般比较常见的有楼宇墙体、立交桥、围墙、柱体、护坡、驳岸和阳台，等等。不同建筑物对绿化植物及配套绿化技术的要求不相同；同一建筑物由于朝向、高度，甚至绿化功能、社会需求等的不同，绿化方式也存在差异。

▼ 立体绿化组合

▲ 围墙绿化

▲ 公路护坡绿化

▲ 墙体绿化模块

▲ 上海市嘉定区商场的墙面绿化

2.2 建筑的各个立面都能种什么植物？

“万物生长靠太阳，雨露滋润禾苗壮”这句脍炙人口的歌词告诉我们一个朴素的道理：生命需要阳光，植物需要水分。除了光照和水分之外还有温度、空气、肥力等因素都会制约植物的生长。

植物离开土行不行？

建筑立面的环境对于植物而言无疑是极端恶劣的，我们想要在建筑立面上种植各种各样的花草树木，最为重要的是为它们创造合适的生长环境。建筑立面上的植物与种植于地面上的植物最大的不同是缺乏了原本的土壤！因为远离地面，土壤的缺乏导致绝大多数植物无法扎根，更别提通过根系吸收水分和营养；没有土壤，微生物也就没有了生存环境，这将间接影响植物的生长。

目前的技术手段可以利用良好的配方基质和现代植物栽培营养液基本摆脱土壤的限制问题，而气候环境因素则是影响建筑立面绿化质量的众多因素中最难以被人工控制的因素，诸如温度、光照、风向、风速及月平均降雨量等。这时候只能采用选择不同环境抗性的植物来适应不同的环境立面。

知识加油站

- **无土栽培**

无土栽培是一种在不使用传统土壤的情况下种植植物的方法。在无土栽培中，植物的根系直接暴露在营养水溶液中，或者通过一些介质（如岩棉、腐木、珍珠岩、苔藓等）来支撑和保护根系，并提供必要的营养和水分。相比传统土壤种植，无土栽培具有更高的产量、更快的生长速度、更少的病虫害、更节省的用水和土地等优点，因此在现代农业中得到了广泛应用。

将无土栽培方法应用于建筑立面绿化可以使植物摆脱对土壤的依赖，在更多复杂立面上种植更多种类的绿化植物。

▲ 鱼菜共生的工厂化无土栽培系统

建筑东南西北四个立面的温度、湿度、光照、风速等有着显著的不同，直接决定了各个立面植物选择的差异性。究竟建筑的东西南北四个立面分别可以种植哪些植物呢?

南面要观赏价值高

建筑物南立面通常日照充足，墙面受到热辐射量大，水分蒸发快，背风，空气流通不畅；光照、温度均高于周边环境温度，湿度则相对较小。

宜选择喜阳、耐旱、耐高温植物。由于南立面一般是建筑物的主立面，也是主要的景观面，植物选择上则要求观赏价值较高、色彩丰富且生态效益高的植物。可以选择蔓长春花、藤本月季、红叶石楠、红花檵木、千叶兰、佛甲草等适应性强的植物。

北面要喜阴耐寒

建筑物北立面受建筑物遮挡，以漫射光为主，夏日午后和傍晚会有少量直射光照，在四个立面中光照最弱。冬季则会受到寒冷、干燥的西北风加持。相较南立面，北立面周边环境温度相对较低，湿度较大，冬季影响更大。可以选择薹草、六月雪、八角金盘、常春藤等喜阴耐寒的植物。

东面可以不挑不捡

建筑物东立面日照量比较均衡，直射光可以持续整个上午。风速较柔和，空气湿度与立面周边环境基本持平。宜选择强阳性植物为主，也可选择中性植物。可以选择红叶石楠、[金森]女贞、佛甲草、千叶兰、杜鹃、蔓长春花等植物。

西面必须耐热耐晒

建筑物西立面与东立面日照情况相反，一般在午后至日落前受到直射光线，上午基本没入建筑阴影中。尤其夏季西晒严重，持续时间较长。冬季又会受到寒冷、干燥的西北风冲击。

宜选择喜强光、耐热耐晒、抗日灼、株型紧凑、抗风的植物。可以选择凌霄花、爬山虎、忍冬、络石、扶芳藤等抗性较强的植物。

当然，不同建筑立面植物的选择还需要综合当地气候特征、四季变化，建筑形态、高度、密度，以及绿化对象、布局、效果和绿化技术等多方面来具体问题具体分析。

未来，我们还需要筛选更多适应不同建筑立面的植物应用在城市建筑的各个方向，让生活在钢筋水泥森林中的人们能够一打开窗户就看到绿色的生命，享受自然的味道，让城市中的各种生命都有机地融合在一起，共创共享生态美好的现代城市。

◀上海世博会阿尔萨斯案例馆南墙绿化

▲上海世博会沪上生态家北墙绿化

▲ 墙体东面绿化

▲ 办公楼西立面绿化

2.3 建筑立面的绿化方式有哪些？

建筑立面绿化的发展历经数千年。其雏形为古人采用藤本植物攀附在篱笆、廊架、城墙等建筑上。采用的都是与人们生活息息相关的果树、花卉及半野生状态的植物种类，比如葡萄、蔷薇、牵牛花、爬山虎、常春藤、薜荔、络石等。

随着城市中建筑物和构筑物形式逐渐多样化及园林园艺技术水平的日渐提高，传统的自然攀爬式立体绿化由于景观单一，对建筑外墙有一定的侵蚀，并且不易于管理养护而被逐渐减少应用。随之而来的改良型和新型建筑立面绿化技术逐渐出现在城市之中。

自然攀爬的改良——辅助攀爬

辅助攀爬是通过设置牵引物或支撑物引导攀缘植物逐渐沿着牵引物覆盖建筑立面的方式。这种方式通过牵引物的引导，让攀缘植物按照预先设定的路线和方式在墙体上生长形成绿色景观，是对自然攀爬的简单改良方式。攀缘植物的根系仍然需要生长入建筑下的土壤之中，因而一般仅能选择藤本植物进行配置，限制了植物种类的应用。

让植物根离开地面——容器悬挂

容器悬挂是在建筑立面上设置辅助支架，支架上悬挂或固定种植槽，种植槽内种植植物的一种绿化方式。这种方式让植物脱离了地面，可以在建筑物的任何位置种植各种植物，彻底摆脱了对藤本植物的依赖。

让植物标准化生长——模块化种植

模块化种植是通过独立的或依附于建筑立面的绿化构架，结合辅助结构，将种植着绿化植物的方块形、菱形等不同几何形状的标准化面板状种植模块进行拼接和固定的一种绿化方式。这种方式实现了立面绿化的标准化，可以在建筑安装时预留栽培模块空间，并使用标准化模块种植体直接安装在建筑立面，快速精准地实现建筑立面绿化。

▼ 辅助攀爬式立体绿化

让植物长在口袋里——布袋式种植

布袋式种植是在做好防水处理的建筑立面上直接铺设无纺布、椰丝纤维或毛毡等软性植物生长载体，载体上缝制装填有生长介质的种植袋，将植物或可以直接萌发生长的种子栽于袋中的一种绿化方式。

让植物自然地生长——铺贴式种植

铺贴式种植是在建筑立面直接铺贴生长介质和植物，或采用喷播技术将植物种子、栽培介质、黏合剂等形成的混合物喷洒在建筑立面，使植物直接生长于建筑立面上的一种绿化方式。这种方式模拟了植物在自然界中传播种子占领空间的生长方式，未来在生态修复中有很大的前景。

随着新的立体绿化栽培技术的不断涌现与成熟，未来会有更加多样化的方式让不同种类、不同生态习性、不同观赏价值和生态价值的植物直接以立体的方式出现在城市水泥森林的表面。最终实现让城市变回森林，让绿色再次回到人们身边。

▼ 辅助攀爬式立体绿化在城市里的应用

▲植于方块形标准化模块中的景天属植物

▼植于布袋内的银叶菊、栀子、银纹沿阶草等小型植物

2.4 屋顶花园——建筑及环境的点睛之笔

随着社会经济愈发繁荣，生活水平不断提高，人们对高品质的生活愈发向往，当下各种风格多样的屋顶花园逐渐出现在城市当中。

屋顶花园并不是现代建筑发展的产物，最早可以追溯到4000年前，两河文明的古老名城乌尔城所建的大庙塔，其三层台面上有种植过大树的痕迹。然而，真正称得上屋顶花园的则是著名的“巴比伦空中花园”。

从远处望去，这种建设在建筑顶部的花园就像在天空中一样，这种立体造园方法在建筑密集的城市中得到了广泛的认可与应用。一般认为屋顶花园主要是为了获得更多的绿化面积，给人们更好的视觉体验，事实上，今天的屋顶花园得到了充分的技术加持，能给建筑和环境带来更多的收益。

屋顶花园的经济效益

屋顶花园除了具备生态效益外还能产生巨大的经济效益，它能够保护建筑物、延长建筑的使用寿命。特别是屋顶花园的基质层可以吸收大量的雨水，减少径流对建筑立面的直接侵袭；为建设花园而专门增设的防水层能够更好地保护屋顶防水层。

屋顶花园在夏季能降低建筑物周围环境温度0.5～4℃，也能大大降低建筑顶层的室内温度，节约室内空调的使用。没有了阳光的暴晒，屋顶楼板热胀冷缩得到缓和，使屋顶的耐用时间得到延长。除此之外，还能吸引人们驻足停留，带来更多的附加经济价值。

知识加油站

- **屋顶花园**

屋顶花园是指布置在建筑物顶面的一种绿化形式，一个屋顶花园应该包括植物、生长介质、过滤层、排水层和防水层等结构。屋顶花园可以作为农场、运动场等休闲用途，能够调控温度、减缓雨水径流、延长建筑寿命，还可以作为野生动物的栖息地和城市生态走廊，为城市营造出更多的生态空间。

屋顶花园能够减少建筑物的整体吸热，从而减少冷却能耗。英国卡迪夫大学研究显示，“植物通过叶面表面蒸腾作用，可以将环境温度降低3.6～11.3℃，在较热的区域，环境温度会降低更多。”加拿大的一项研究也显示屋顶花园非常有利于减少温度对屋顶的影响，认为屋顶花园可以减少城市“热岛效应”，并进一步降低能源消耗。屋顶花园除了能够吸收热辐射之外，还有助于减少雨水径流。雨水径流和内涝事件是现在许多城市的主要问题，利用屋顶花园的建设可以延迟高峰流量并保留径流以供植物以后使用，是城市内涝的解决方案。

▲ 古巴圣地亚哥卡萨格兰德酒店的屋顶花园

屋顶花园的社会及生态效益

针对日益严重的城市“热岛效应”，屋顶绿化是个行之有效的技术手段，植物覆盖层可以形成小气候，抑制建筑物内部温度的上升，增加湿度，防止光照反射，并在此基础上吸收部分有害气体，吸附空气中的粉尘，净化空气。屋顶花园给人们提供舒适的空间，缓解紧张抑郁的同时，其布置的各种绿色空间也为小动物们提供了栖息地，让自然离我们更近一步。

屋顶花园的美学价值

屋顶花园缤纷的色彩也给人们带来美好的感受，让生活在附近的人能够直接与绿色植物接触，实现了花园与人的零距离。在造园时一般选用植株矮、根系浅的植物，既便于季节色彩的更替，也有利于建筑的健康。可以选择喜光、抗风、耐寒、耐热、耐旱、耐脊、生命力旺盛的花草树木。如藤本类的蔓长春花、常春油麻藤等，灌木类的矮生紫薇、木槿、白兰花、玫瑰、红枫、南天竹、桂花、栀子等来配置出独特的园艺景观。

屋顶花园给城市增添了更多的绿色植物，为城市环境增加了更多的自然空间，在生态效益之外还拥有巨大的经济价值、社会价值和美学价值。屋顶花园，称得上现代建筑及环境的点睛之笔。

▲上海市闵行区万科广场屋顶花园

▼上海市黄浦区日月光中心屋顶花园

知识加油站

•“古代世界七大奇迹”之一的“空中花园”究竟在哪里?

提起屋顶花园很容易就能联想到被称为“古代世界七大奇迹”第二顺位的“巴比伦空中花园”。而这个传说中的奇迹花园在哪里?是否真的存在过?这些都成为历史学家关注的话题。

一般认为巴比伦空中花园位于今伊拉克巴比伦省希拉，约在公元前600年，由新巴比伦王国尼布甲尼撒二世所兴建，据记载是为了取悦他的爱妃安美依迪丝而建。安美依迪丝为伊朗高原上米底王国的公主，她终日思念故乡。于是，尼布甲尼撒二世便在幼发拉底河河岸旁，建造了一个高于平地许多的大型花园，种植来自伊朗高原的植物，为安美依迪丝化解乡愁。公元前2世纪，空中花园毁于连串地震，未留下任何遗迹。

巴比伦空中花园是“古代世界七大奇迹”中唯一一个位置尚未确定的地方，现存的巴比伦文献中没有提到花园，也没有在巴比伦发现明确的考古证据。巴比伦文献中关于尼布甲尼撒的记载很多，但这些长而完整的铭文中没有提及任何花园，也没有提及他的爱妃安美依迪丝。希腊学者希罗多德在他的《历史》中详细地描述了巴比伦的一些情况，但也没有提到有关空中花园的内容。

所有巴比伦文献中并未有任何这座壮观建筑的记录显得不寻常，加上长达数十年的考古都无法发掘到位置，使得更多人认为这只是虚构传说。但是2010年后，新的考古发掘找到了一处80

公里长的古运河遗迹，部分地段深度超过了苏伊士运河。这个运河位于古新亚述帝国境内，而根据发掘到的铭文确定了其开凿者是亚述国王西拿基立。这使得一些学者相信巴比伦的空中花园实际上就是亚述国王西拿基立为他在尼尼微的宫殿建造的花园，因为运河和一些螺旋提水装置是为尼尼微的花园所准备。

很快新的考古发现似乎证明了这一观点，在尼尼微古城遗址中发现了“尼尼微空中花园”的浮雕，上面雕刻的场景与传说中的巴比伦空中花园竟非常相似！

尼尼微空中花园就是传说中的巴比伦空中花园的观点越来越被广泛认可，因为巴比伦空中花园一词其实是数百年后的产物，而当时的罗马与希腊等欧洲知识中心的人其实多数分不清亚述与巴比伦的差别。当时有能力修建空中花园的国家只能是巴比伦和亚述其中之一，而亚述人是美索布达米亚平原上当时唯一擅长修建水利设施的人。新发现的运河遗迹和尼尼微的古壁画更加佐证了这个观点，看来困扰人们多年的真相逐渐向古亚述遗址倾斜。

▲ 亚述浮雕的复原品展示了一个由渡槽浇灌的豪华花园

2.5 如何让城市的绿色动起来?

城市的快速发展、人和设施的高度集中带来了许多环境问题，利用植物修复环境是解决城市环境难题的有效手段。但城市特别是中心城区人稠地窄，土地几乎都被改造为硬质面，难以保证植物的生长空间。在寸土寸金的中心城区想要增加绿化面积、增加植物种类，除了建筑立面和屋顶，哪里还能够给植物提供生长的空间呢?

▲硬质广场上的盆栽式移动绿化

移动式绿化是增加绿化面积的有效方式，它是一种区别于传统的露地栽植形式的具有立体装饰效果的种植手法。移动式绿化是由可移动的设施在硬质空间实现植物栽培的一种新型绿化模式，是城市特殊生境的绿化技术之一。移动式绿化是现代生物技术、工程技术和系统管理科学技术的综合集成，已成为城市绿化中发展迅速的新兴产业。

移动式绿化是技术加持了的盆栽

移动式绿化由植物、栽培容器、栽培介质、灌溉设施等组成，其基本单元为可移动的绿化容器。移动式绿化相当于把花盆替换为加持了栽培技术的容器，并结合景观应用。常见的形式有树箱、花箱、花钵、吊篮、立体绿墙、特形材料、废旧材料再利用等。在可移动的绿化容器中，被选用的植物能够在较长时间内健康生长在人工营造的栽培环境中，其根系则完全生长在人工配置的介质中。

▼ 容器参与造景的可移动绿化

移动式绿化由相对独立的、可移动的绿化模块组合而成，可在城市道路、街区、广场、商铺、公共建筑和住宅等内外场所使用，移动便捷，组合灵活。而且可方便快捷地拆除，或异地重新利用或复制。

移动式绿化因为采用的容器单元形态、大小、质地、色泽等方面的差异，容器形式多样，在造景时可根据实际需要，形成空间独立、景观各异的小型移动式绿化组合。

采用专业生产部门集中生产的绿化模块和容器苗，并经短期适应后，可以直接转移到目标场所。这些模块和容器苗可以根据设计要求进行具体配置，单独使用或组合拼接，可以迅速构建所需景观。

可移动的绿化模块，选用适生的栽培植物，配制保水性好、肥量适宜的介质，采用省工节水的灌溉养护，较高端的绿化模块可配置自动化灌溉系统，若遇酷暑严寒等极端气候可移至适宜场所甚至温室内，当需要时便可适时移栽或替换，可集中养护，易于莳养管理。

移动式绿化的形式丰富，功能多样，文化多元，顺应自然。它可以在不同维度空间形成不同的景观效果，在一维空间形成绿带绿毯的效果，二维空间布置花坛树池，三维空间打造绿树绿墙景观；也可以在特定时间、特定场合创作主旋律景观，既引领时尚又传承经典。移动式绿化不仅具有地栽绿化的一般功能，还相对独立、灵活，应用自如，不失为解决城市绿化空间受限这一难题的有效途径。

▲移动式绿化——生动的“相框”

2.6 高架道路下绿化空间潜力有哪些？

城市高架道路是人类解决交通拥堵、提高出行效率的阶段性产物，但同时衍生出影响光照、干旱、噪声、尾气、景观突兀等生态环境和空间形态问题。上海高架道路系统发达，已建成20多条高架道路，形成内环、中环、外环、南北高架等交通网络，为保障市民的出行奠定了良好的基础。

高架道路是增加绿化的重要组成

如果将上海市高架道路的下层空间转化为绿化面积，总和将不少于800万平方米，相当于中心城区人均新增0.3平方米的绿化面积。高架道路下层空间绿化既能在不占用土地的情况下营造更多绿色，又能解决高架交通带来的环境问题，是城市精细化建设和管理的重要一环。将高架道路下的空间转化为绿化景观是一种有益的方案，因为它有效地利用了高架道路下层空间来增加城市的绿色面积。但是，高架道路下是一个低光照区域，不是所有植物都能在这里生长。因此，需要选择适宜生长在低光照环境下的植物。

高架道路的绿化可以更加美丽

除了高架道路下的空间，其立面和附属结构上也可以安排植物种植空间，利用立体绿化技术将绿化从传统的平面延伸至立体。在桥墩和梁柱上可以通过筛选彩叶植物彩化环境。还可以利用移动式绿化技术，将部分桥面附属空间，如路面隔离栏也纳入绿化范围。综合多种绿化技术，我们可以利用城市中丰富的高架道路空间资源在城市特殊的环境中形成一幅有生命的多彩立体画卷。

高架道路上栽培植物的介质也要专门配制

在高架道路上，土壤绝对是稀缺资源，同时由于缺乏灌溉设施，就需要专门配制轻型高保水介质。用于高架道路绿化的介质既不能太重，还要高度保水，下雨时可吸收大量的雨水，而天气晴好时又可将吸收的雨水缓慢释出以补充植物所需的水分，这一点与一般建筑绿化有明显区别。由于灌溉条件的限制，要求一次浇水即可吸收几十至上百倍的水量，植物在养护过程中不必每天浇水，减少灌溉的次数。

▼ 城市高架道路下的桥柱立体绿化

高架道路上的绿化是综合工程

高架道路绿化与地面绿化有着明显的差异。为了实现在高架道路上的绿化，必须采用新型和轻型的种植容器、雨水净化利用设备、智能浇灌系统等多种设施的支持。只有将这些要素融合成一体化模块式立体绿化系统，才能更充分地发挥绿化的价值，同时降低管理和养护成本。综合考虑各要素，不仅可以延长植物更换的周期，节约维护成本，还能够创造更为多样化和引人注目的景观效果。这样的立体绿化系统不仅令城市高架道路更加美观，还为城市生态环境作出了积极贡献。

▼ 智能浇灌系统可以应用的滴灌设施

▲高架桥等立体交通设施可以增加绿化空间

3

城市增绿，意义何在？

3.1 建筑上的植物，原来有这么多好处

3.2 行道树——城市人最亲密的朋友

3.3 城市的绿屋顶有什么价值？

3.4 农场可以搬到楼房的顶上吗？

3.5 “天空”健身场可以近在家门口

3.6 屋顶花园能否召唤鸟类回归城市？

3.7 屋顶花园有助于延长建筑寿命吗？

3.8 移动式绿化能给我们带来什么？

3.9 会移动的植物怎样让城市更美好？

3.10 城市里的“植物吸尘器”

城市里可以用来绿化的土地越来越少，为了增加绿化面积，城市园林工作者将各种建筑物立面、顶面都开发成可以进行绿化的表面。在一些没有栽培条件甚至缺乏光照的室内区域还利用移动式绿化技术，在这些区域建设临时性的绿化景观。这些多种多样的城市新型绿化方式能够给城市带来什么样的好处呢？建筑上的绿化植物除了具有美化环境、增加城市生物多样性等基础功能之外，还可以化身为都市农场、天空健身场、生物多样性体验场等改善城市人生活体验的多样化绿色空间。这些增加的城市绿化可以让我们从忙碌的生活中短暂抽离出来，感受生命的多彩和生活的美好。

接下来我们来看看各种新型绿化方式能够给城市和在其中生活的人带来哪些好处。

▼ 绿化作品——绿色小院

3.1 建筑上的植物，原来有这么多好处

当今，城市化快速发展，城市人口骤增，建筑密度越来越高，到处都是硬质空间，极大地挤压了城市绿地。快节奏的都市生活、缺绿少绿的都市环境，让城市居民身心疲惫，身体处于亚健康状态，甚至出现疾病。增加绿化是长久以来公认的改善城市人居环境的方法，而建筑立面绿化是在城市硬质空间中增加绿化的一种方式。

建筑立面绿化可以为城市和城市居民带来生态效益、心理和生理效益、景观效益、经济效益和社会效益等多方面的综合效益。建筑立面绿化与人之间的关系非常紧密，其功能是相对远离人们生活区的公园和绿地所无法比拟的。

建筑上的植物可以愉悦身心

芳香、美丽的绿化植物可以放松紧张情绪，缓解视疲劳，减少黏膜系统、呼吸道及神经系统疾病的发生，改善睡眠和人体机能等。经常与植物在一起，可以间接提高人的专注力，进而改善学习和工作效率，提高生活质量。这些是建筑立面绿化对人体健康的最直接影响。

无处不在的植物可以改善城市人居环境

这些紧密依附在建筑立面上的绿化植物，可以固碳释氧、增湿降温、保护建筑、净化空气、降低噪声等，直接改善城市环境，提高城市舒适度，让城市更宜居。

►红花绿叶的美景，让人心情愉悦

◄广州市高德置地广场的建筑立体绿化

建筑立面绿化可以增加城市生物多样性

建筑立面绿化可以对栽培介质进行科学调配，并可以根据需要创造相对稳定的植物生活环境，可以更加科学、合理地增加植物种类，丰富城市植物多样性。植物是第一生产者，它们可以为昆虫、鸟类和城市兽类提供更加多样的食物和栖身场所。植物多样性的提高一定会提高城市生物多样性，让城市真正变得鸟语花香，促进城市的生态和谐。

建筑立面绿化可以让城市更加生动多彩

建筑立面绿化还可以组织、分割空间，拓展绿化空间，让拥挤、繁忙的城市变得有序。特别是临时性的节庆、会展活动多数是在硬质空间中进行，传统绿化技术手段受到限制，而建筑立面绿化可以在城市园林、花展、节庆活动中适当地增加立体绿化小品，增大活动效果，让城市变得更加生动多彩。

建筑立面绿化可以丰富城市景观，美化城市环境，促进城市生态健康发展。在城市中增加立体绿化可以直接或间接地改善城市环境，让生活在其中的城市人内心更宁静、生活更从容、身体更健康！随着绿化层次的更加丰富，城市将变得越来越适合人类生活，真正实现“城市，让生活更美好”。

▼上海市嘉定区商场的墙面绿化

3.2 行道树——城市人最亲密的朋友

沿道路或公路旁种植的乔木就是行道树，在春秋时期就出现了雏形。如今在城市的大街小巷，只要有足够的空间，都会种植行道树，这些植物成了城市人最亲密的朋友。为什么要种植行道树？究其原因，不外乎实用主义、城市美化、文化意义等方面。如今，这些原因也都有了更深的内涵与发展。

行道树是解决交通污染的排头兵

城市的快速发展，带动了道路机动车交通的快速发展。汽车尾气的排放不仅使温室效应日趋严重，还带来了其他环境污染问题。行道树成为缓解交通运输污染的第一道防线，它们可以阻滞尘土、吸附微小颗粒物；能够吸收二氧化硫、氮氧化物等空气污染物；还能吸收周围环境的声音能量，对声音进行不规则反射，从而实现降噪功能。

行道树也是固碳小能手

实施“双碳”战略是破解资源环境约束、实现高质量可持续发展的必由之路，也是应对世界大变局、构建人类命运共同体、促进人与自然和谐共生的必然选择。上海的132万棵行道树就是132万个生物反应罐，树上茂密的树叶每天利用太阳能将空气中的二氧化碳以生物质的形式存储下来。行道树发挥了巨大的碳汇作用，在城市中创造了许多宝贵的生态效益。

行道树能当安全行车的标尺

行道树除了创造如此之多的生态效益外，其社会效益也不容小觑。作为城市道路空间绿化的重要组成部分，其长势、观感效果是一个城市的名片。它们形成的林荫道环境，在减少居民生活压力、提高社会凝聚力的同时，还能帮助司机界定车辆行驶安全距离，确保行车安全，甚至在交通事故发生时成为车辆与人员之间的缓冲。

行道树还能吸纳雨水减少城市径流给城市基础设施带来的影响，吸纳污染空气，为市民健康扫除障碍。此外，它们还提供了宜人的绿荫以此鼓励户外活动，有助于减少各种健康问题，并为街道空间营造出宜人的风景。长期在城市中生活的我们应在习惯行道树存在的同时，了解它们所蕴含的巨大意义，发自内心地保护和爱护这些默默无闻的城市守护者。

▼悬铃木是上海最常见的行道树

3.3 城市的绿屋顶有什么价值?

建设一栋建筑，就等于破坏了一块自然的土地，但如果我们能够充分利用建筑屋顶及立面空间进行绿化，就能把破坏的绿地补偿回来。屋顶绿化也称作“绿屋顶”，指的是不与地面土壤相连接，以建筑物立面空间为基础的绿化形式，在屋顶、露台、天台或阳台上广植花木，铺植绿草，建造园林景观。屋顶绿化在增加绿量的同时提高了城市的“绿视率”，增加了绿化的美感和城市景观功能，大大提升现代城市的绿化品质。

屋顶绿化可以缓解“热岛效应”

绿色植物的蒸腾作用和土壤中水分的蒸发会使绿化屋面的水蒸气含量增加，从而使得绿化屋面空气绝对湿度增加；加上绿化后其温度有所降低，故其相对湿度增加更为明显。由此可见，屋顶绿化对城市带来的干燥效应有减弱作用。对于日益严重的城市“热岛效应”，屋顶绿化也是有效的解决途径之一。联合国环境署的研究表明：当一个城市屋顶绿化总量达到城市建筑的70%时，城市空气中二氧化碳的含量将下降80%，夏天的气温将下降5～10℃，城市“热岛效应”将基本消除。

屋顶绿化改善城市环境

在屋顶生长的植物，除可吸收二氧化碳、释放氧气，还可吸收分解一氧化碳、氮氧化合物、二氧化硫等有害气体，

每平方米屋顶绿化至少可以过滤约200克烟尘，减少灰霾天气。可见，屋顶绿化有净化城市空气、改善生态环境的作用。

屋顶花园让居民和自然零距离

屋顶绿化是人类与大自然的有机结合，为都市居民在紧张的工作之余提供一个休息和消除疲劳的舒适场所。对于一个城市来说，它不仅是生态环境调节的一项重要措施，也是美化城市、创造景观和实现碳中和的一种好办法。

▼上海世博会伦敦“零碳馆”

3.4 农场可以搬到楼房的顶上吗？

屋顶绿化可以增加城市绿地面积，改善日趋恶化的人类生存环境空间，对美化城市环境、改善生态效应有着极其重要的意义。城市屋顶改造后，除了作为绿化用途，还可以发展都市农业来弥补现代都市家庭没有场地和机会亲近自然的遗憾，并增加体验种植乐趣的机会。这种通过屋顶绿化创造出的“天空农场”在国外已经有较成功的案例。

屋顶上可以种出好吃的蔬菜

很多蔬菜都可以比较容易在屋顶上栽培，比如生菜、菠菜、番茄、黄瓜和辣椒等。例如生菜从种子到收获只需要90天时间，菠菜从种下去1个月开始就可以不断地收获了，在屋顶上种植的黄瓜和番茄在整个夏秋季都可以不断地收获果实。如果增加一些保护措施，也可以种植反季节的西瓜、草莓等水果。

屋顶上的设施农业

如果屋顶的承重结构不允许堆放土壤，也可以选择无土栽培或者模块化栽培的模式，将蔬菜种植在栽培模块或者无土栽培架上。仅仅利用屋顶的空间资源，也可以收获足够多的蔬菜，享受种植的乐趣。这种模块化的种植架有较多类型，特别适合小规模的蔬菜种植。

知识加油站

• 纽约布鲁克林的屋顶农庄

布鲁克林屋顶农庄创立于2009年，是一项独特的城市农业项目，以在城市屋顶上种植有机水果和蔬菜为主要目标。通过创新的种植技术和可持续的农业实践，该农庄在城市环境中开辟了一个绿色的种植空间，为当地居民提供了新鲜、有机的农产品，同时也推动了城市农业的发展。

在布鲁克林屋顶农庄，种植了30多种各式各样的有机水果和蔬菜，这些植物都是在约20厘米的有机土壤中种植，确保了它们的生长环境健康和有机。

从项目创立的第一年起，布鲁克林屋顶农庄就取得了收支平衡，这意味着通过销售产出的有机农产品，农庄能够覆盖其运营和维护成本。这不仅显示了农庄的商业可行性，还证明了在城市环境中进行农业活动的潜力。

▲ 纽约布鲁克林的屋顶农庄

动手种菜，直接体验农耕生活

相较于观赏性植物而言，亲自动手种植蔬菜，不仅可以帮助都市白领回归自然、放松心情、治愈心灵，而且自己收获的蔬菜能够带来更好的精神体验和味觉触动。即便是自己种出来的蔬菜产量不佳，但过程有时比结果更重要。

放慢生活，尽情享受城市中的“世外桃源”

天空农场的目标群体是城市里的居民，在城市屋顶打造农业生产可以让城市居民实现“上楼”即“下乡”的体验。将城市屋顶用于发展城市农业，可以开发写字楼闲置屋顶，将其打造成集观光、休闲、科普、环保等可持续发展理念为一体的城市“天空农场”，为都市人提供一个平衡工作与生活的自然空间，体验归园田居的质朴生活。

▶ 栽培在介质模块里的植物

播种希望，亲子活动的浪漫乐园

一粒种子是梦想的动力，一株植物是成长的标志。将城市屋顶建成花园式农场，这会成为一处田园游乐、农耕体验、认知教育、亲子互动和拓展的实践活动平台。在这里播种、耕耘，在实践中养成热爱劳动的好习惯，体会收获的快乐。

让我们在明媚的大好时光里，在尘世喧嚣之中，有一方庭院可以畅然呼吸、健康生活，从忙碌的生活中短暂地抽离出来，感受生活的美好与家的温情。

▼ 上海市徐汇区汇师小学的屋顶农艺园，用屋顶空间打造学生亲近自然、了解农艺的实践场所

3.5 “天空”健身场可以近在家门口

随着时代发展和生活水平的提升，屋顶花园渐渐发展成集绿地绿化功能和游览休闲功能为一体的城市开放空间。特别是城市居民更加关注与追求健康，更多人希望在日常生活中参与到户外健身活动中。面临健康观念提升以及邻里空间需求增大的机遇，是否在屋顶花园中开辟出“天空”健身场地，在城市居民身边提供健身疗愈的开放活动空间？答案当然是肯定的。

可以开辟“天空”健身场的空间

很多空间都适宜开辟“天空”健身场地。私人空间中的住宅阳台、露台和住宅屋顶花园都可以开辟健身空间，还可以根据使用者的个性需求，结合运动爱好和植物喜好进行设计；公共空间的利用可能性就更加多样了，包括居住区低层建筑屋顶、文体中心建筑屋顶、学校屋顶花园、地下车库屋顶等空间都能开辟出健身空间。

屋顶花园中植物和人能够亲密接触，在花丛中运动，可以有效提高心理幸福感，增强体内自然防御力，享受大自然的同时，进行有益健康的锻炼。此外，开辟屋顶健身空间还有助于减少对地面空间的占用，解决都市绿色健身空间不足的问题。因此，开辟屋顶健身空间是一种很好的选择。

“天空”健身场的设计要求有哪些？

屋顶花园健身场地在设计时首先要考虑安全问题，尤其是老人、儿童的安全问题应特别重视，如设置防滑软质铺地，避免尖锐物体，植物景观应无毒无刺，球类运动场地应有围栏或绿化屏障。还要设置针对特殊群体的无障碍设施和面向一般群体的健身设施等，并且在设计时就将绿化和健身统一在一起。此外还应当多选用乡土植物、保健类植物，做到四季有景，打造自然舒适的环境。

▼上海市嘉定区商场屋顶花园构建的儿童运动场

3.6 屋顶花园能否召唤鸟类回归城市？

人们常用“鸟语花香”来形容优良的环境，可见在大众的认知中，是否拥有百花齐放的植物群落以及鸟鸣啾啾的动物群落，是衡量一个地区生态环境是否优秀的重要指标。而对于动物群落来说，鸟类又是最能被人类感知感受的动物类群。

鸟类拥有美丽的羽饰、动听的鸣声、灵巧的体态、活泼的行为，从而成为城市居民最耳熟能详的野生动物类群。但是在城市化进程中，野生动物尤其是鸟类的多样性受到了极大的影响。而如何能够提升城市鸟类多样性，让日渐减少的鸟类重新回到城市周边，则成为城市规划建设及绿化工程中面临的重要议题。

城市对鸟类多样性的影响

城市的建设和扩张对于鸟类多样性有着显著的影响。相对于鸟类的原生生境来说，城市具有一些特殊环境特征：首先，人工构筑物和景观代替了自然结构和景观，从而造成鸟类栖息环境的极大改变；其次，城市建设中构建出了差异极大的景观，导致了鸟类生活环境的异质性加强；最后，城市中人、车、机械产生的空气、声音、光等污染显著高于自然环境，对鸟类的生活造成了极大挑战。

城市对鸟类群落组成的影响

鸟类的群落组成相对原生环境发生了较多变化，例如原本适应林地、湿地生活的鸟类随着树木和湿地的消失和被干扰而迁出，过境的候鸟也选择远离城市的地区作为临时栖息地或过境通道；而适应城市环境、能够较好利用人工资源的鸟类则成为城市中的主要类群。

在北京地区，楼燕因能利用城市建筑结构筑巢而成为优势类群。在上海，珠颈斑鸠、乌鸫、麻雀、白头鹎等鸟类因适应性强而成为城市鸟类的优势类群。此外，城市中因宠物逃逸、放生等造成的外来鸟类种群也成为城市特有的生态现象。

屋顶花园将有效增加城市鸟类多样性

提升城市鸟类多样性和种群丰富度的重点在于构建适宜鸟类栖息繁殖的环境，增加鸟类栖息环境的密度及减少边界破碎，减少空气、声音、光等污染因素。考虑到城市规划建设的实际情况，屋顶花园成为增加城市鸟类多样性、创建野生动物友好型城市的有效方式。

究其原因，屋顶花园利用建筑自身顶部空间进行绿化，增加了城市绿地面积。而且设计良好的屋顶花园依靠不同植物构建出包含草本、灌木和小乔木的绿色空间，具有一定的植物结构层次和组成，在一定程度上模仿了鸟类的原生林地环境。通过生态友好设计还可将动物饮水点、昆虫栖息场所等有机地融入屋顶花园的建设中，为鸟类提供更加便捷有效的生活空间。此外，屋顶花园位置通常较高，远离污染较重的地面道路，人类活动干扰相对较小，更加适宜鸟类栖息。

因此，相对于同等面积和植物构成的地面绿化来说，设计良好的屋顶花园对于鸟类尤其是林鸟类更具有吸引力。

迎接鸟类归来已经在行动中

上海紫竹幼儿园在屋顶花园建设时就将招引鸟类及伴生动物作为设计的生态指标之一。该花园通过选择结果类花灌木和蜜源植物构成花园植物主体，搭配乔木构成适宜鸟类荫蔽栖息的环境，并利用喷泉、人工小溪等景观建设为鸟类提供饮水、沐浴用水源，构建以招引鸟类为目标的屋顶花园。该花园成功招引到麻雀、喜鹊等鸟类，且在冬季有更多类型鸟类出现。这证明经过设计的屋顶花园对提升城市鸟类多样性及种群丰富度有重要作用。

▲ 屋顶绿化中放置的鸟巢和喂鸟器

随着城市化的不断发展，越来越多的人选择在高楼大厦中居住，这导致了城市生态系统的转变。屋顶已经不再仅属于人类，而成为未来城市生态系统的一部分。屋顶的绿化变得越来越重要，因为它可以为城市中的其他生物提供宝贵的生存空间和资源。这不仅包括各种鸟类，还包括其他野生动物和植物。

城市规划者和建筑设计师日益重视将绿化元素融入城市景观，以实现人与自然的和谐共生。特别是在大型城市公共建筑的屋顶，存在着大量未被充分利用的空间，可以通过创建具有多层次生态群落结构的绿化景观，为城市中与人类相互共生的其他生物提供宝贵的生存空间。未来，我们可以期待更多创新的方式，如为鸟类设计巢穴和觅食场所的集成设计，以提供更多生存空间和支持城市生态多样性的方法。

▲ 上海地铁蒲汇塘基地屋顶绿化（拥有丰富的群落层次结构，适合鸟类栖息）

3.7 屋顶花园有助于延长建筑寿命吗？

屋顶花园是城市的空中花园，成为高楼林立的城市中独特的风景线。同时，也是降温隔热的最优选择，可以改善顶层建筑的微气候，补偿建筑物占用的绿地面积，从而提高城市绿化覆盖率等。因此，屋顶花园已经被越来越多的人接受和认可。

植物根系会破坏建筑物吗？

一般人认为植物的根系非常强大，很容易侵入建筑物内部，造成建筑物裂缝、渗水，最终影响建筑物的寿命。但在新型的屋顶绿化系统面前，这种影响渐渐变得不那么显著。因为新型的屋顶绿化系统通常采用了特殊的基层，能够有效防止根系侵入建筑物内部，并且这种基层还有很好的保水性，能够有效防止植物根系引起的渗水问题。此外，新型的屋顶绿化系统还可以为建筑物提供一层良好的保护，有效地提高建筑物的耐久性，延长其使用寿命。

屋顶花园会破坏屋顶防水结构吗？

建筑屋顶结构的破坏多数情况下是因为屋面防水层温度应力引起的，也可能是超重引起的。温度变化会引起屋顶构造的膨胀和收缩，使建筑物出现裂缝，导致雨水的渗入，形成渗漏。屋顶花园表面覆盖的植物土壤可以避免阳光对屋顶建筑的直接照射，能保护建筑物防水层不受气候、紫外线和其他损伤。研究表明，裸露屋面的寿命通常只有25年，而在绿化覆盖下的屋顶平均寿命是40～50年。

知识加油站

- **屋顶花园会让屋顶漏水吗？**

从古代美索不达米亚传说中的“空中花园”开始，人们就一直在猜测这些花园的防水措施。一些学者认为，这些花园可能加入了芦苇、沥青等防水材料，甚至有观点认为可能使用了铅板来进行包裹。

然而，实际上只要严格按照技术规范来建设屋顶花园，完全不必过于担心漏水问题。在屋顶原有的防水层存在缺陷的情况下，屋顶花园的漏水问题难以避免。刚性防水屋面施工后，由于多种原因，如气候变化和阳光照射引起的热胀冷缩、屋面板的受力导致的变形、地基沉降或墙体承重导致的变动，都可能引发裂缝从而导致漏水。在建造屋顶花园的过程中，可能需要进行打孔、埋设固定件以及植物栽培等作业。如果施工不够专业细致，可能会破坏原有的防水层。此外，屋顶花园的频繁用水也会增加漏水的可能性。

因此，在建造屋顶花园时，必须进行二次防水处理。防水层是确保屋顶不漏水的关键技术问题，但同时也必须注意屋顶的排水系统。所有管道、烟道、排水孔、预埋铁件和支柱等设施，都必须在进行防水层施工时妥善处理其节点结构，特别要注意与栽培介质的连接部分以及排水沟的水流终止部分。

除了合理的设计，还需要选择合适的防水材料，并确保防水层的施工质量。防水材料应该是高温不流动、低温不破裂、不易老化且具有良好的防水效果的高分子材料，同时还应具备良好的耐腐蚀性能。

使用合适的材料和设计施工良好的屋顶花园建设，不但不会造成屋顶漏水，反而能够延长屋顶防水的使用年限。

屋顶花园可以减少建筑立面的温差影响

空气迅速变化引起的温度剧烈变化对建筑物特别有害。例如在冬天，经过一个寒冷的夜晚，到了白天，短时间内建筑物表面的温度突然升高；在夏天，夜晚降温之后，白天建筑物表面的温度也会很快显著升高。由于温度的变化，建筑材料将会受到很大的负荷，其强度会降低，寿命也会缩短。屋顶花园可以缓解顶层建筑屋面的热胀冷缩，并且缓和夏天和冬天的极端温差，对建筑物构件起到相当大的保护作用，所以说，屋顶花园对建筑物能够起到保护作用，以至延长其寿命。

屋顶花园可以减少城市“热岛效应”，降低建筑物能耗，同时还是一个绿色空间，可以为市民提供休闲和生态体验。除此之外，建设屋顶花园还可以改善生态、涵养水土、增加湿度，冬季保温、夏季隔热，使建筑物延长“待机时间”。

▲上海市徐汇区绿地缤纷城的屋顶花园

▼屋顶花园层次示意图

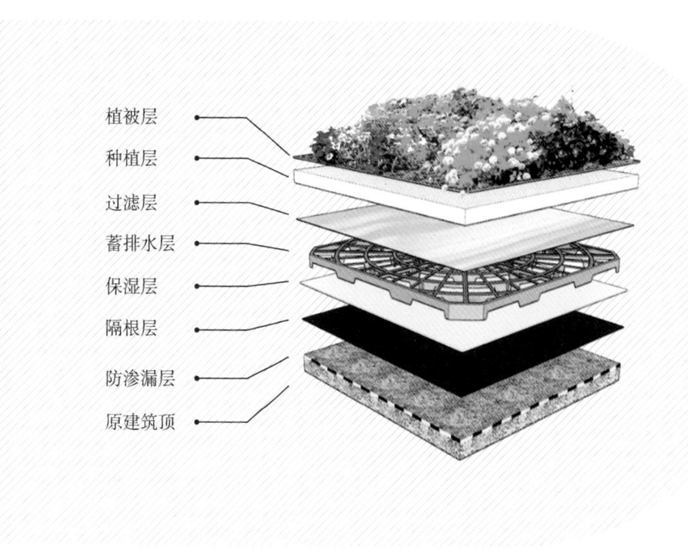

3.8 移动式绿化能给我们带来什么？

移动式绿化能巧妙利用城市地块空间，营造精致的绿化景观效果，在城市绿化中扮演着画龙点睛的角色。移动式绿化作为现代城市中的绿色载体，是传统地面栽植绿化形式的转型，给城市以绿色、活力和生机。近年来，移动式绿化在城市园林绿化中越来越受到人们的重视和推广，势将成为今后城市绿化的主旋律。在众星捧月中，我们不禁会思考移动式绿化到底能给人们带来什么益处呢？

移动式绿化的生态功能

移动式绿化作为传统绿化在新时代下的创新和转型，它的功能如同传统绿地，承担着平衡城市环境中的二氧化碳和氧气的浓度比、调节环境温度、缓解城市“热岛效应”、滞尘杀菌、降低噪声等方面的重要生态功能。

移动式绿化可以美化环境

美观装饰是移动式绿化最直观的基本功能，它以绚丽多变的姿态为城市增添了生机。移动式绿化在室内装修设计中有“化妆师”的美誉。无论在家庭还是公共建筑的室内空间中，常会出现一些视线所及但难以遮挡的角落，例如房间的墙角、防火分区的分隔墙等难以利用的空间，利用移动式绿化在这些角落稍作点缀即可使空间焕然一新，让人忽略空间表现的不足。

◀ 立交桥栏杆上悬挂的可移动绿化设施

▼ 室内木盆式可移动绿化设施

在庭院美化中，移动式绿化也是出镜率相当高的装饰物。可移动的栽培容器还常应用于阳台美化、窗台檐口的装饰、橱窗顶部的美化。色彩鲜艳明快的各种开花植物与冰冷的建筑石材做对比，能凸显植物蓬勃的生命力。

移动式绿化提供开放的绿色共享空间

城市人口众多，建筑物密集，可栽植绿化的公共面积非常有限，移动式绿化不占用大面积的地面空间，却为公众提供开放的共享绿色空间，可根据场地和空间环境进行灵活布置，以其公共资源惠民共享，使生活、工作、旅游在都市中的各阶层人群共享绿色生态环境。

移动式绿化是绿化节庆造景的必选

移动式绿化的生态服务以应急绿化和节庆造景见长，大到国庆期间城市广场的花坛、大型国际活动及各种园林和园艺博览会，小到街边路角、店铺门前，以室内摆放的小盆栽或其组合。此项生态景观服务费用较低，成效快，而且不需要时可随时拆除或移至别处继续布景使用，具有良好的可控性，可以美化城市，改善环境。

移动式绿化因其独特的魅力被人们誉为“移动的花园”，以其丰富多变的形式在城市的各个角落被广泛应用，在美化城市环境中发挥特有的优势。它的出现丰富了城市居民的精神享受，还体现了城市的精神面貌与文化建设。

▲ 移动式绿化——景观树池

▼ 移动式绿化——景观花坛

3.10 城市里的“植物吸尘器”

PM2.5去除的自然途径有两种，分别是干沉降和湿沉降，其中干沉降占据主导作用，且干沉降的过程和效率与城市绿化紧密关联。

城市中的绿化植物是吸附空气中PM2.5的重要设施，每平方米最多可以吸收30.47毫克。尽管目前城市植物对细颗粒物的吸附量不及总量的4%，但增加城市绿化面积无疑会客观地增加PM2.5的吸附量。

植物可以降低风速

城市中的绿化植物，尤其是达到一定面积的绿化植物群落，可以明显地降低风速，随着风速的降低，尘埃将有机会自然沉降到地面或其他表面。而植物本身，尤其是乔灌木的树冠部分有很大的比表面积，枝叶形成的表面也能够滞留尘埃。

植物叶片可以固定尘埃

虽然植物表面可以大量滞留尘埃，但其中部分停着的尘埃容易再次被风刮起，产生二次扬尘。但是由于叶片上特殊的结构，事实上，二次扬尘很少产生。植物树叶表面有各种皱褶与突起、沟状结构，植物的叶脉网络也会形成各种沟槽，而部分植物的绒毛和鳞片也增加了叶片的比表面积，绝大多数落在叶片上的细颗粒物都会被附着下来。

还有很多植物叶片表面会产生黏液或其他分泌物，这种分泌物将会粘结细颗粒物，形成稳定的结构。

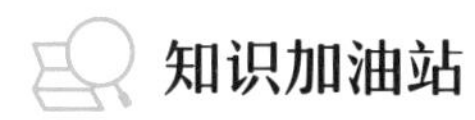

知识加油站

• 人见人怕的PM2.5

空气中的颗粒物特别是细颗粒物（PM2.5）是我国城市空气污染的主要污染物之一，严重威胁着城市居民的健康，限制城市发展的可持续性。PM2.5的比表面积较大，易于富集空气中各种有毒物质甚至病毒、细菌等微生物，又能够通过呼吸系统被直接吸入，沉积到肺泡，对人体产生不良的健康效应。

世界卫生组织指出，在导致全球过早死亡的主要风险因子中，大气 PM2.5污染排名第七，而在中国则位居第四，仅次于不良饮食习惯、高血压和吸烟。

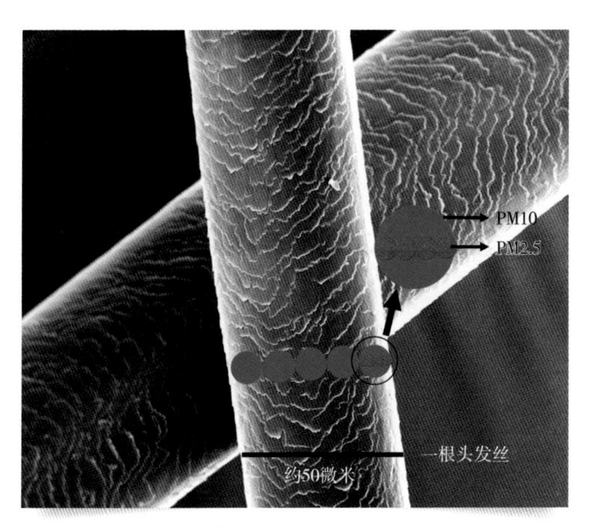

▲PM2.5和头发直径的比较

树木的冠型也影响滞尘能力

不同植物的枝叶密度、冠形结构、叶面倾角及叶表面特性，一定程度上决定了植物的滞尘能力。一些冠型下垂、枝叶浓密的植物对空气中污染物的吸附能力则会明显优于枝叶疏松的植物。

尽管城市中的绿化植物对减少空气污染的贡献率不算太高，但是如果能够有效地增加城市中的绿化面积和绿化总量，并且在植物选择中更多选用那些冠型紧凑、滞尘能力强的植物种类，通过合理地选择植物，并优化配植技术，对降低城市尘埃污染和提高空气质量有着重要意义。

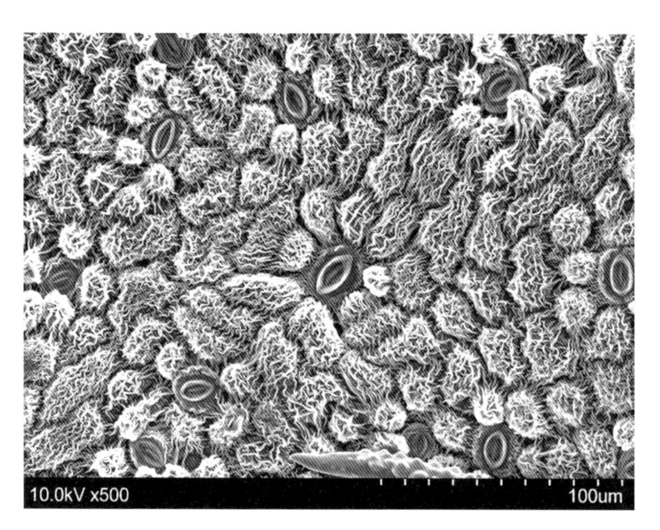

▲ 扫描电子显微镜拍摄到植物表面的蜡质层

▲番茄表面具有绒毛和黏液

▼垂枝榆枝叶密集，冠幅饱满

4 在城市里种好树并不容易

4.1 城市环境对植物的影响

4.2 行道树为什么长不好?

4.3 树木也有自己的需求

4.4 哪些植物能够在上海安家?

4.5 乡土植物一定适用于城市绿化吗?

城市对人类非常重要，因为它给城市居民提供了大量资源，在生活、购物、教育、医疗、娱乐、出行等方面创造了极大便利，使人们的生活更加轻松、安全和有趣。然而对于植物来说，城市是个难以生存的地方。大量的高楼大厦和道路遮挡了阳光，不利于植物生长；城市土壤通常被硬质的水泥覆盖，无法保持湿润和松软；城市的灯光会打乱植物的生长节律，使它们不能正常开花结果；城市的空气常常受到污染而妨碍植物的健康。

城市中的人需要树，可是城市环境却不适合植物生长，在人类的安乐窝中生存的植物会经历哪些困难呢？

▼ 城市里植物的生长空间很有限

4.1 城市环境对植物的影响

“城市让生活更美好”是中国2010年上海世界博览会的主题。随着城市化进程的不断推进，城市成了越来越多的人生存发展的地方。要让城市生活更美好，离不开城市环境的改善。城市环境是人类生存的物质和精神载体，园林植物改善城市环境的同时，又会受到城市环境中各种不良因素的影响。

土壤质量对植物生长的影响

像树木这样的多年生植物，其生长的健康状况在很大程度上取决于种植土壤，其中土壤的透气性是最重要因素。城市路面的硬质化与过度铺装，阻断了土壤与空气中的气体交换，使土壤中的含氧量下降，严重影响树木的根系生长。

空气污染会影响植物健康

城市的工业发达，人口密集，会产生大量的污染物，植物长期笼罩在污染环境中，吸收各种污染物，会对植物产生各种伤害，影响其生长发育。虽然植物一定程度上有净化空气的作用，但是这种能力也是有限度的，一旦超出了负荷，就会影响其生理活动，使植株受到显著伤害。

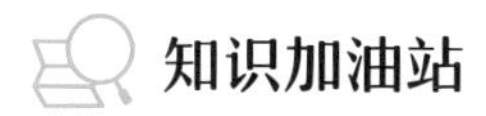

知识加油站

- **光周期现象**

植物的光周期是指植物对日长的敏感性和对日照周期的生理反应。它指的是植物在24小时内所接受到的光照时间长度和强度的组合，会影响植物的生长、开花、休眠等生理过程。

通常，植物根据其对光照时长的响应被分为长日照植物、短日照植物和中性植物三类。长日照植物指的是需要较长的日照时间才能开花的植物，例如向日葵和大麻等；短日照植物指的是需要较短的日照时间才能开花的植物，例如菊花和水稻等；而中性植物则指的是无论日照时间长短都能开花的植物，例如玉米和小麦等。

光周期对植物的生长和发育有着重要的影响，城市里的照明系统会增加夜间照明时长，会对植物的生理活动造成不利影响。

▲ 夜晚照明灯光会影响植物健康

光照系统扰乱植物的光周期

由于城市的照明系统非常发达，给人们的生活提供了便利，却给植物带来了一定程度的危害。夜间的照明使植物在夜间的代谢增加，营养消耗增加，积累减少，最终导致植物生长不良。已有不少研究发现，路灯下的植物与远离光源的植物会有明显的长势区别。

城市“热岛效应”影响植物生长

城市有大量的人工发热、建筑物和道路等高蓄热体，以及绿地减少等因素，造成了城市高温化，城市中的气温明显高于外围郊区的气温，产生了明显的“热岛效应”。城市“热岛效应”造成的气温升高会影响植物的生长发育。此外，由于昼夜温差变小，植物夜间呼吸作用旺盛，大量消耗养分，影响养分积累。冬季由于缺乏低温锻炼时间，偶然的极端低温也容易引起树木产生不同情况的冻害。

极端气候会直接毁损植物

台风暴雨、高温干旱和雨雪霜冻等极端气候，都会对树木造成损伤。台风往往带来狂风暴雨，大量降雨降低了树根固着土壤的能力，造成树木不同程度的倒伏。近年来，城市的高温现象频繁出现，一些不耐热、不耐寒的植物大量死亡，而且很多植物出现了落叶、晒伤等情况。此外，低温寒潮也容易使一些南方树种大面积冻伤，所以在选择物种时应该尽可能地选择与当地气候相符合的树木种类。

城市对人类是安乐窝，对植物则是困难地

城市对于植物而言属于困难生境，在钢筋水泥丛林里求生存的植物艰难地生长。如何应对多变而脆弱的城市环境，保护植物在城市中健康生长，让植物最大限度地发挥其生态效益，形成良好的城市生态景观，在城市中建立人与自然的联结，创造更多接触自然的机会，成为现代城市建设需要考虑的重要问题。

◀城市里被台风吹倒的树木

4.2 行道树为什么长不好?

近年来，随着城市建设水平的快速提升，城市行道树的生长受到严重影响，出现树枝干枯、树叶枯黄脱落的现象。造成这一现象的原因是什么，究竟是什么制约了城市行道树的健康生长?

环境因素很重要

行道树自身的原因固然很重要，不同树种抵抗城市不良环境的能力不同。但土壤的理化性质、行道树的种植密度、气候条件、病虫害情况、人为活动等都会严重影响植物生长。比如，植株密度严重限制植物的生长，密度过高则会压缩树木的地上和地下生长空间，限制树木树冠及根系伸展。此外，城市行道树以树穴为主的硬化地表铺装方式和地下管网阻断了土壤和大气的物质能量交换途径，对树木的生长也造成了极为不利的影响。

城市规划不尽合理

城市规划也造成了一些根本性的错误。特别是在树种的选择上没有遵循“适地适树”的原则，单纯为追求美化功能种植的树种难以适应本地的实际环境。在人行道规划设计方面，将靠近行道树树池的铺装设计成沥青等硬化材质，阻碍植物根系呼吸，限制植物根系的发展。

▲行道树种植密度过高不利于树木健康生长

▲硬化的行道树树池限制了植物根系的呼吸和生长

树木养护工作也很重要

在养护管理方面，不规范的修枝方法会导致树体留茬、腐烂，威胁行道树的健康。除了地上部分的修剪，及时修剪地下的老根对于植物而言也非常重要，因为行道树的根系常常生长受限，通过修剪可以诱导新根的产生。此外，树木生长的监管也很重要，例如，在道路改造的过程中，施工材料诸如石灰、砂土及固体废弃物常随意丢弃在树池边，对树木的根系产生影响，需要及时清除。

影响城市行道树健康生长的原因及措施仍需不断深入研究与大力实施，只有这样才能最大限度发挥行道树的生态效益，保护好城市的“绿色名片”。

▲ 树木养护工作也很重要

知识加油站

- **城市行道树的历史**

城市行道树的历史可以追溯到古罗马时期，当时人们在城市街道上种植了一些树木，以改善城市环境和提供遮荫。但是，直到19世纪，城市行道树才开始在欧洲和北美得到广泛应用。

在19世纪早期，巴黎市长奥斯曼为巴黎街道的改造引入了城市行道树，他将数千棵树木种植在巴黎的街道上，提供遮荫、改善城市环境和减少尘土飞扬。这项工作取得了成功，很快便在其他欧洲城市和北美城市中得到了推广。

20世纪，随着城市化进程的加速，城市行道树越来越重要。它们不仅提供了美丽的景观和舒适的遮阴，还可以净化空气、缓解城市“热岛效应”、降低交通噪声等。目前，许多城市都有专门的计划来管理和维护城市行道树，以确保它们能够长期为城市提供服务。

▲巴黎的行道树

4.3 树木也有自己的需求

现代社会中决定城市综合素质的一个重要因子便是城市绿化环境。城市绿化建设的发展已经从“量的变化”上升到“质的提升”，如何让城市中的树木长得更好、更健康、更自然，成为园林绿化行业需要解决的关键问题。想要让树木长得好，首先需要了解树木生长的需求。树木的生长需要哪些条件呢？其中五大因素——土壤、水分、光照、温度和肥料——是维持树木生长必不可少的基础条件。

树木对土壤的需求

土壤是树木生长的基础，供给树木生长发育所需的水分、养分、空气和热量。树木通过生长在土壤中的根系来固定支撑其庞大的身躯，根系从土壤中汲取水分和养分。土壤主要通过厚度、质地、结构、温度等物理性质以及酸碱度、肥力等化学性质来影响树木的生长发育。

树木对水分的需求

水是所有生命过程中不可缺少的物质，水对细胞壁产生膨压，支持树木维持其结构状态。树木吸收的大部分水分被用做蒸腾作用，用来降低植株温度，完成对养分的吸收与输送。当吸收与蒸腾之间达到动态平衡时，树木生长发育良好；当平衡被破坏时，会影响树木新陈代谢的进行。

树木对光照的需求

光是植物进行光合作用的必要条件，光照对树木生长发育的影响主要是光照强度和光照持续时间。不同树种对光照强度的适应范围有明显的差别，一般可将其分为喜光树种、耐阴树种、中性树种三种类型。光照不足会使树木生长发育受到抑制，出现枝条纤细、叶片黄化、根系发育差、木质化程度低、易发病虫害等问题。光照太强会灼伤叶片，出现黄化、落叶甚至引起树木死亡。光照持续时间也称光周期，指树木对昼夜长短的日变化与季节长短的年变化的反应，光周期可以诱导花芽的形成与休眠的开始。

树木对温度的需求

温度是影响树木生长发育的重要条件，决定着树种的自

▼ 良好的植物栽培基质第一重要的是透气性

然分布范围，也影响着树木的生长发育和生理代谢。树木原产地不同，所需温度也不同。对树木起限制作用的温度指标主要是年平均温度、年积温、极端高温和极端低温。树木的萌芽、生长和休眠等发育过程都需要合适的温度，超过极限高温与极限低温，树木很难生长。不同树种对温度的耐受能力不同，一般而言，叶片小、质厚、气孔较小的树种对高温的耐受能力较强。有的树种既能耐高温，又能耐低温，如麻栎、桑树等，全国各地都有分布，而有些树种对温度的适应范围很小，如橡胶树只分布在最低温高于10℃的地区。

树木对肥料的需求

肥料是为绿色植物直接提供养分的物料，正是由于这些养分，植物才能正常生长，直到开花结果。树木生长发育需要16种必需的营养元素，各种营养元素执行一定的生理功能，当树木长期缺少某种元素时，则会在形态结构与生理功能等方面发生反应，如生长减弱、植株矮小，甚至死亡。

如何应对多变而又脆弱的城市环境，让树木更健康地生长，发挥最大限度的生态效益和景观效益，需要我们根据城市树木实际情况，在栽植、养护和管理等各方面不断进行技术探索和创新，为城市树木创造最佳的生长条件。

知识加油站

• 植物生长的必需元素有哪些？

植物体中存在着近60种不同元素，也称为养分。然而，其中大部分元素并不是植物生长发育所必需。植物生长发育必需的元素只有16种，这就是碳、氢、氧、氮、磷、硫、钾、钙、镁、铁、锰、锌、铜、钼、硼和氯。人们将这16种元素称为必需元素。它们之所以被称为必需元素，是因为缺少了其中任何一种，植物的生长发育就不会正常，而且每一种元素不能互相取代，也不能由化学性质非常相近的元素代替。

植物生长必需的16种元素中，碳、氢、氧、氮、磷、硫、钾、钙、镁9种元素，植物吸收量多，称为大量元素；铁、锰、锌、铜、钼、硼和氯7种元素，植物吸收量少，称为微量元素。

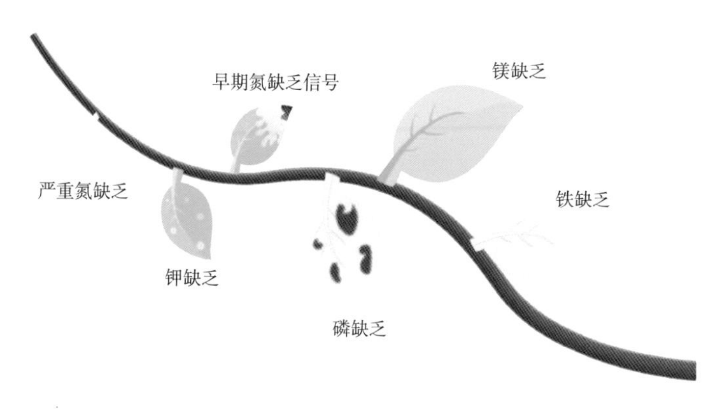

▲ 植物缺素症的表现

4.4 哪些植物能够在上海安家？

城市的绿化建设离不了植物，但并不是每种植物都适合城市环境。尽管城市环境对于生活在其中的人类而言是宜居而便捷的，对于植物而言却非常的不友好。上海在全球宜居城市排行榜中一直位处中上水平，其不利因素主要是在自然环境方面，即冬天潮冷、夏季湿热、台风侵袭、土壤黏重等因素限制了城市的宜居品质。

能适应上海自然环境的植物是百里挑一

原产热带、亚热带的植物难以抵御上海冬季的湿冷，而北温带的植物在上海越夏困难；因为地下水位高，即便深根系的植物都变为浅根系了，而那些浅根系的植物又难以耐受夏秋的台风，也不能在较长时间的干旱环境下生存。所以原本能在此气候带生长的种类就有限，加上土壤、气候条件的双重影响，能在上海生长满一个周期的种类就屈指可数了，这也是上海植物多样性难以更加丰富的客观原因，想要人为增加城市中植物的多样性水平还是要与自然进行较量的。

病虫害是城市植物的无声杀手

能在上海露地生长，这是植物在城市生长的第一关，那第二关就应该是病虫害了。近年来，由于引种植物相对比较单一，随之而来的病虫害不断加剧。北美枫香的小蠹，可让一株大树在3～5天枯萎；天牛一旦钻进树干，国槐很快就生不如死。还有些病害的发生是悄无声息的，还不知什么原因就让一株大树枯死，上海栽植的马褂木就经常性出现无症状死亡。一种植物想要被城市青睐，对病虫害的耐受是非常重要的。

知识加油站

• 上海的悬铃木

上海是中国最早引种悬铃木的城市，早在19世纪下半叶，在上海公共租界就引入种植了悬铃木。由于当时国人不识此树，却又觉此树长得像梧桐树，故把这舶来品称为“法国梧桐”，简称“法桐”。上海栽培的悬铃木以二球悬铃木（*Platanus × hispanica*）为主，目前约占上海行道树总量的四分之一，超过20万棵。虽然悬铃木果实毛絮会引起过敏，但作为海派文化的一种关键元素，没有人会轻易允许它们被替换掉。

▲二球悬铃木

城市植物更多是要满足人的需求

人总希望树是全能的，既漂亮还要有香味，最好春天开花、秋天变色，还不能有任何负面的指标，如刺、飞毛、臭味、落叶花果的污染等。除此之外，最好还要有多种生态功能，如冠大荫浓、固碳能力强、滞尘杀菌，等等，这样选下来，估计没几种植物能满足人类“既要又要”的需求了。

“过五关，斩六将”，剩下的植物就不多了

这样就可以理解城市里的植物种类为什么那么少了，植物只有“过五关，斩六将”后才能固定下来。在上海占绝大多数的香樟、悬铃木、水杉等植物，适应本地自然环境，几乎没有病虫害，满足人们的遮阴需求，负面情况也相对较少，最重要的是苗源丰富、种植养护成本较低。这种少数种类的植物大面积在城市中应用的现状是符合社会经济学规律的。

▼上海市郊的水杉纯林

▲天山中学的苏铁是常绿裸子植物，有非常高的观赏价值

▲乡土树种中有很多植物有被开发作为城市植物的潜力
乌桕除了秋叶颜色鲜艳外，春末的花序大型而明显，到了冬季开裂的果实如同小花朵一样挂满枝头。

▲白栎（左）、弗吉尼亚栎（右）都是适合上海的绿化树种

4.5 乡土植物一定适用于城市绿化吗?

城市园林中经常栽种什么植物往往是由供需关系决定的，即苗木市场是城市园林的重要制约性因素，市场上的种类或品种往往决定园林设计中出现什么植物。尽管无论是设计师、生态学家还是居住在城市中的人，都希望有更多种类的植物被引入城市之中，但这仍然受到苗木供应市场的制约。因为苗木市场的最重要决定因素在于经济利益，只有能够获取足够多的经济利益，才能促进市场提供多样化的苗木。

乡土植物受到青睐

现在流行着一种观点，认为城市植物必须大力提倡乡土化，因为乡土植物具有适应性好、抗逆性强、养护成本低、生态价值高等优点，还有一定的文化、历史内涵。这些优点的存在使乡土树种的推广使用成为国家森林城市评价的约束性指标，明确要求适地适树，优先使用苗圃培育的乡土树种。事实上，在城市中，乡土植物其实一直都有应用，但物种和个体数量占比一般较低，与成规模的商业化树种相比仍不占优势。

乡土植物可以从一些方面对城市人居环境进行明显的改善，因为这相当于部分地把自然的边界延伸到了更远，也相应地可能会将一些依附野生植物生存的动物带入城市生态中来，比如将一些果实可食用的植物引种到城市可能会增加鸟类的种类和数量，一些蜜源植物的引种可能带来更多的传粉昆虫，增加乡土植物物种数量对改善城市生态环境大有裨益。

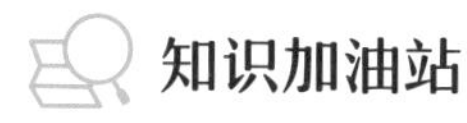

知识加油站

- **乡土植物**

乡土植物是指在没有人为影响下，自然发生、自然生长在特定区域或特定生态系统内的植物。简单来说，一个地区的乡土植物就是当地及气候相似的毗邻地区自然发生、生长的植物。

上海主要的乡土木本植物有青冈、红楠、苦槠、香樟、麻栎、白栎、旱柳、枫杨、构树、朴树等42科128种植物。

▲ 香樟是上海最常见的乡土树种

乡土植物未必是最佳选择

但种植乡土植物可能也是把双刃剑，一般长期栽培的绿化植物在很长一段时间内都鲜有病虫害的发生，因为经过严格检疫，一般来说原产地的病虫害不会被携带过来或者当地的病虫害不能在短期内危害植物生长。例如原产亚马逊的橡胶树在原产地因为病害已经无法规模化种植，而在引入地热带亚洲仍然是重要的经济支柱。

乡土植物虽然有百般好处，看似占尽优势，但作为本地或邻近气候区的植物，在漫长的演化过程中一些病虫害也如影随形。在自然生态系统中，各种因素都是相互制约的，植物和病虫害之间存在着复杂的控制机制，系统能够以稳定的状态存在。而这些乡土植物进入城市后，环境发生了巨大改变，相互制约的关系也不复存在，病虫害可能会成为乡土植物进城的重要制约因素。

上海试验种植的重阳木就是一种优秀的乡土树种，它树姿优美，花叶美丽，到了秋季还能形成一树的红叶，但由于经常发生重阳木锦斑蛾和刺蛾的病害，不但影响树木的健康生长和观赏效果，还会发生刺蛾幼虫的刺毛蜇伤人的后果。这一优秀树种的“进城”之路就受到了很大的限制。到了城市，环境同质化，原来的机制破碎了，这将成为阻碍那些逃过城市物理环境胁迫后的另一个拦路虎。

除了病虫害，城市的严苛环境也是乡土植物“进城”的重要限制，乡土植物可能最适应当地气候，但未必最适宜城市人工生境，未必最符合人们对优美植物景观的渴望。部分乡土树种在城市绿地应用不尽如人意，如紫楠、木荷、杜英等在野外表现良好的乡土植物在城市生境中生长不良。还有一些观赏性及抗性欠佳的乡土植物如黄檀、泡桐、桑树等逐渐被淘汰。

▼重阳木树形美观、叶色丰富，是非常有潜力的乡土树种

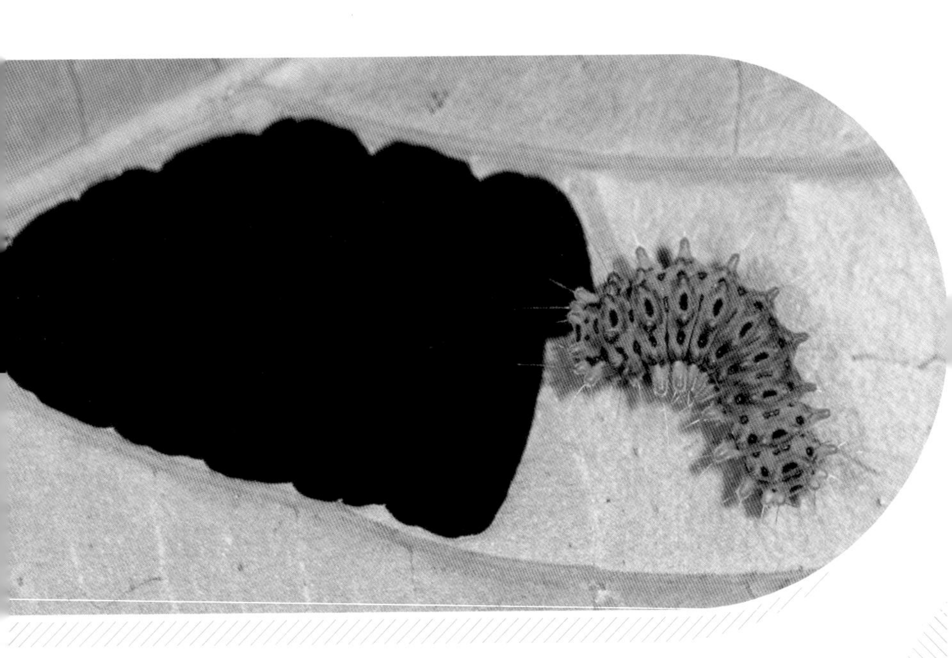

▲重阳木常见虫害重阳木锦斑蛾幼虫身体上有刺毛，会引发蜇人事件

选树是一个慢功夫

乡土植物进入城市园林实际上是个复杂的系统性工程，要有科研数据支撑，要有市场认同，更要有了解植物的设计师，甚至要有针对病虫害的环保解决办法。这些植物不能简单粗糙地一引了之，而是应该在一个相对独立的环境中进行观察实验，通过相对长期的观察，对其生长特性、病虫害、生态适应性等方面进行了完整的记录，才能够成规模地引入城市园林。同反对过去用大规格树木进行城市绿化一样，在乡土植物的应用方面，我们宁愿慢一点、稳一点，让真正适应城市的乡土植物科学、合理、有序地进入城市园林。

▼江南油杉是上海地区的适生树种

5 种好城市里的树有很多门道

5.1 如何将盆景理论用于城市特殊生境再造？

5.2 怎样在长江中下游城市种好树？

5.3 打造屋顶花园，该如何选用绿植？

5.4 屋顶花园的栽培介质有哪些要求？

5.5 绿化模块系统中容器的特点

5.6 枯枝落叶也能用来改善树木的生长

5.7 城市自然再造及维持策略

5.8 如何让城市里的植物更加丰富多彩？

城市里的环境对于植物而言是严苛的，想要在城市里种好植物是不容易的。城市中无论光照、温度、水分、土壤条件的改变，还是人类活动的干扰，都会严重影响植物的健康生长，甚至直接导致死亡。

要想在城市里种好植物，需要园林工作者运用其知识和技能，选好树、种好树、合理搭配树种，并采取有效养护、管理措施。在选择树种时，应该选择对环境适应能力强的植物。树木的种植位置也需要合理规划，确保树木能得到充足的阳光和空气。在树木种植后，应该定期进行修剪、浇水、施肥等维护工作，以保证树木的健康生长。另外，在城市种植树木时，还需要考虑树木的未来发展，创造良好的发展空间，让每一株植物都能充分发挥其生态功能。

要想在城市里种好树木，需要园林工作者仔细规划、周密安排，并积极采取有效措施，以确保植物的健康生长。

▶ 上海住宅区内种植的大香樟树

5.1 如何将盆景理论用于城市特殊生境再造？

盆景作为中国优秀传统艺术，有着几千年的历史，积累了非常宝贵和成熟的技艺，也形成了不同的流派和类型。盆景以活的植物体表达强烈的艺术信息，具有丰富的意境，它们很好地实现了技术和艺术的高度统一。方寸之盆内养好一株老态龙钟的植物，必然蕴含了丰富的栽培理论和技术。不同于小的草本植物，将小乔木金弹子、大藤本紫藤等控制在很小的花盆内生长，而且还能随心造势，花繁叶茂，硕果累累，这就是树桩盆景的惊人奇迹和独特魅力！

盆景类似于城市中的特殊生境

盆景制作与养护和城市特殊生境绿化有着高度的相似性，尤其是植物根系生长的空间非常有限，栽培土或介质少而薄。而且还要求在有限的空间内维持植物生长、开花和结实，并达到理想的绿化及景观效果。

培育树桩盆景过程中，为了特定的造型，往往需要通过剖干、剥皮、攀扎、雕琢等手段来控制植株生长势、生长方向和形态结构；同时为维持根冠平衡，还要采取断根处理。

盆景给城市特殊生境绿化的启发

盆景中验证的根冠平衡对城市特殊生境绿化有着重要的理论价值。首先，在特殊生境绿化中应当选择植株体量小的植物，如矮小灌木及草本植物，这些植物的根系不需要很大，减少植物对介质空间的需求。其次，要科学合理地控制城市绿化植物的生长势，尤其是对根系的生长调控，维持植物中度生长，比如通过剪根和容器控制促使其根系变得瘦小，从而抑制植物生长速度，一定程度上让植株矮化。最后，还可以给予植物适度的逆境调控，比如适度控水、控肥等轻度胁迫，以促进根系的生长，提高根冠比。

城市特殊生境中生长的植物，如同束缚在盆景中的植物一样，都缺乏足够的根系生长空间，利用在盆景制作养护中获取的经验，可以让城市绿化植物在逼仄的空间中健康成长，并获取最佳的观赏价值。

▼ 郁金香等球根花卉的容器栽培

▲盆景中的紫藤可以正常开花

▼黄杨、银姬小蜡等小灌木的根系只需要很小的空间就能生长

知识加油站

• 盆景验证了根冠平衡理论

根冠平衡是指植物地下部分和地上部分存在相互依存、相互制约、相互竞争的动态平衡关系。几千年来对盆景技艺的琢磨和成功就是对此理论的最好验证。俗话说“养花先养根”“根深叶茂”，都是根冠平衡理论最朴实的反映。作为一个有机整体，根系吸收水分和矿物质输送到地上部分，并能合成植物生长需要的物质；而冠层光合作用产生的有机产物又可以输送给根系，供其生长所需。根冠之间存在着正向相关性：地下与地上的生物量变化趋势趋向一致，即小的根系产生小的植株；根系修剪或受损会抑制地上部分的生长。

根冠之间不仅有着物质交换，还会通过信息流的交换，实现根冠的协调。经历干旱时，根系合成脱落酸等植物生长激素并传递给地上部分，来调节冠层生理活动；叶片合成的化学信号物质，也可传导到根部，影响根的生理功能，诸如水分状况信号的传导。当然，水涝、虫害、机械损伤等外部胁迫都会刺激并诱导发生防御反应，调节生长，从而达到新的根冠平衡。

▲在经过良好配比的栽培介质中种植的牡丹（上）和在普通土壤中种植的牡丹（下）根系发育情况对比，明显发现给植物提供良好的栽培介质后根系产生更多的分枝实现根冠平衡

5.2 怎样在长江中下游城市种好树?

改革开放以来我国城市经历了40多年的快速发展，并带来了诸多问题，在城市绿化方面，由于树种单一、设计简单的大量应用导致千城一面。为了应对这些问题，我们需要借鉴发达国家在城市绿化建设中的先进经验，并结合今后城市长远发展规划需求，对城市的绿化事业进行思考。

前面我们探讨了在城市中可以种什么树，在哪里可以种更多的植物，更多的植物对城市有什么好处？接下来探讨怎么样种好城市里的树。

植物需要良好的养护

城市里的植物需要良好的养护才能健康成长，进而充分发挥其生态价值。想要养好植物，就需要在栽培介质、水分、营养、修整和病虫害防治等方面下足功夫。

不同的区域用不同的栽培介质

栽培介质的使用根据人的活动程度决定。街道及人流较大的广场，可以采用以中大粒径的石块为主，配以部分木块和园土，从而达到透气、耐踩踏和临时蓄水等功能；在有人活动的城市公园绿地中建议使用中大粒径的木块，配以园土，既耐踩踏又透气，还可以在中长期补充营养；而郊外较少有人影响的区域，则可以直接用透气性好的园土。

栽培介质选择的最主要考虑因素是透气性和透水性。然而，透气性和透水性良好的介质可能在一定程度上影响肥力的保持。因此，在应用中需要进行合理选择，以确保植物根系的健康生长，并最大限度地维持土壤肥力。

水分的补充在刚开始很重要

长江中下游地区，土壤黏性大、地下水位高，一般不缺水。在树木移栽的第一年，因为根系受损，应尽量及时补充所需水分，做到见干见湿。待到植物生根良好及生长势完全恢复后，可直接利用当地充足的地下水。一般情况下，地下水完全可以满足健康树木的水分需求，除非出现极端干旱天气，需要适时补足水分。

要适当补充肥力

因为城市特殊的卫生管理要求，落叶难以归根，不能靠自身进行养分回流，故可以用两种办法来实现养分补充。其一是每年春季，施用适量的堆肥的稀释液。其二则是每年在树穴中补充适量的木块。木块能使树穴的介质更耐踩踏，保持一定的透气性，并且在3～5年的缓慢降解过程中释放营养元素，供给树木生长使用，缓慢降解的木块还能增加微生物的活性。这两种形式都是模拟自然界树木叶落归根的过程。

地下部分也需要适当修剪

树木生长到一定程度，都要对树冠进行修剪，以减少树木枯枝败叶、改善树木的生长形态，让树木更美观。但很少有人能想到要适当修剪地下的根系。在自然条件下，因为根系生长空间不受限制，树木可在长时间内保持生长活力，且可有较长寿命。但在城市条件下，因为人为干预过多，并且在人工活动频繁的区域，树木根系生长所需空间往往难以保障。在种植的早期，根系可正常生长，但后期因空间限制，根系生长受阻，会出现老化现象，此时树木的地上部分则表现为树干老化，树冠活动降低，长期下去会大幅降低树木寿命。当出现树木生长停滞时，应对根系进行科学恰当的破坏，以刺激新根的发生，进而提高树木的活力，使其保持长期旺盛生长。

病虫害防治很重要

城市中树木品种往往单一，容易发生病虫害，一般情况下要以预防为主，这就要求尽可能选择病虫害较少、抗性较强的树种。当城市树木已经发生病虫害时，则应及时采取措施，防止扩散。防治措施应遵循“早、小、少”的原则，即防治要及时，在病虫害发生较小时进行，将危害减少到最小限度。此外，还要通过释放寄生性、捕食性天敌来减少病虫害对城市植物的影响。

种树是一件长远的事情

在城市里种树是一件有意义的事，尽管短期内很难看到它的价值。如果一棵树在城市里经历了百年的风霜，成为一个地标，承载了历史的印痕，那这棵树对于城市来说就是无价之宝了。那么，如果我们在种下树木之初，就将它们能否在这里健康生长百年作为第一要务，则将会给城市留下一批珍贵的绿色财富。

知识加油站

• 长江中下游城市的环境特点

长江中下游地区位于中国南部，是中国的重要经济区域之一，包括江苏、浙江、安徽、湖北、江西、上海、重庆等省市。地处亚热带和暖温带交界处，气候属于亚热带季风气候，具有四季分明、温湿适宜、雨量充沛的特点。夏季气温高，常会受到台风和暴雨的影响；冬季气温较低，但不严寒。

长江中下游平原土壤主要是黄棕壤或黄褐土，自然植被下的土壤有机质含量较高，但受土壤侵蚀、耕作方式影响较大。该区域土壤一般质地黏重，透水性差，一旦植被消失、土壤结构破坏，极易发生水土流失。

随着经济快速发展，污水排放增加，长江中下游平原区河沟、湖泊水污染难以有效控制，导致水环境恶化、水生态系统退化，水质型缺水普遍。而由于矿物燃料消耗量大，大气污染日趋严重，经常出现酸雨。这些因素对于植物而言都是非常不利的。

◀长江中下游城市高度发达，城市里不透水表面占比较高

5.3 打造屋顶花园，该如何选用绿植？

屋顶绿化技术的发展，让打造屋顶花园不再是一种奢望。对于生活在寸土寸金的水泥“森林”里的都市人来说，这是多么幸福的事情！

屋顶花园的建设凝聚多学科知识和技术

屋顶花园的设计与种植涉及多个学科，如土壤学、植物学、工程力学、环境科学等，其中植物和生长介质的选择对屋顶绿化的景观效果、生态效益、维护成本和使用寿命有巨大的影响。

屋顶环境与地面环境情况不同

屋顶环境在光、温、水、土、风等方面都与地面有所不同，密切影响着植物的存活与生长。屋顶光照强，光照时间长，有利于植物光合作用，积累光合产物，但夏季长时间的强光易灼伤植株；屋顶昼夜温差大，有利于植物的养分积累和叶果着色，提高观赏价值和果实品质，但冬夏土温、气温的极端变化并不利于植物生长；屋顶排水好，不易积水，但强光、多风易造成介质及空气相对湿度偏低；屋顶花园一般选用薄层轻型介质，但这种情况对植物根系的生长和植物的稳定有较大限制；屋顶风速较大，空气流通性好，病菌滋生和传播机会降低，但易造成植株倒伏，安全风险大。

▲种植景天属不同植物
形成色块的屋顶绿化

▶耐旱、耐高温且耐寒的佛甲草

屋顶的植物选择有讲究

因为屋顶环境的特殊性，一般建议选择植株矮小，耐旱、耐热、耐寒、耐强光、抗风等高抗性的植物。除了抗性高之外，还要考虑植物的生态服务功能，结合介质能起到蓄截雨水、隔热降温、降低污染、降噪、固碳等作用，且具有较高的观赏性和休闲使用价值，并降低对径流水的污染等负向影响。

由于屋顶环境的特殊性，常常更适合一些杂草等先锋植物的生长，因此应尽可能选择生态安全风险低的植物，尤其是乡土植物，还要加强屋顶植物小群落的维护，避免杂草甚至入侵植物的引入或侵入。

需要强调的是，屋顶微气候环境并不是一成不变的，而是经常与建筑密度、周围建筑的高度等有着一定关系，如立面反射或者遮阴。另外，冬夏建筑内部空调或暖气的使用也会通过热传导影响屋顶温度，乃至湿度。所以进行屋顶绿化时，还得具体问题具体分析，针对屋顶环境，科学地选择适生植物，最终通过科学的生境营造、合理的植物配植打造一个景观美丽、生态安全的屋顶花园。

▲耐寒耐旱的小叶罗汉松

▲耐旱耐寒的红花檵木

◀景天科植物种类丰富，特别适合作为屋顶地被
（图中从左到右、从上到下依次是：费菜、詹姆士八宝、金叶景天、垂盆草-花、垂盆草-枝叶、松毛景天、蓝云杉岩景天、晚红瓦松）

5.4 屋顶花园的栽培介质有哪些要求?

屋顶花园需要综合考虑荷载、植物生长、暴雨径流水质、节水、成本等方面的要求，对栽培介质特性和成分要求苛刻。在选择介质时需要综合考虑这些因素，从而选择一个理想的配比，为屋顶花园营造提供坚实的基础。

屋顶花园栽培介质要有一定的有机质

有机质含量是土壤肥力高低的一项重要指标。经过矿化后，有机质可释放多种必需和基本的营养元素，从而满足植物和微生物的需求。但高含量有机质的园土会给屋顶花园带来缺陷，如多余的营养物流失、堵塞过滤材料和排水设施、污染径流，同时高有机质含量会促进野草种子的萌发，增加了除草的维护成本等。

一般而言，理想的新建屋顶花园的栽培介质可添加3%～10%的有机质，为屋顶花园提供初始营养，比如木屑、草炭、有机肥等，但在增加有机质的同时还应保证介质无菌状态。此外，还要注意清除杂草种子、种根或其他入侵组织体。

屋顶花园栽培介质要有一定的节水保水性

栽培介质的保水性对节约用水、降低管理成本非常重要，对介质较薄的粗放式屋顶花园和耐旱性较弱的植物尤为关键，也是干热气候区屋顶花园成功的关键。此外，实践证明在介质层下增加由特殊保水材料构成的保水层对屋顶花园的水状态有积极作用，有利于植物在干旱胁迫条件下生存。

屋面坡度也影响介质持水性，应该根据植物需水特点、屋顶坡度的变化来确定介质颗粒度。随着坡度的增大，可适度增加细颗粒物，减少粗颗粒物的使用，以维持适度的介质湿度。

屋顶花园栽培介质要选择密度较小的材料

屋顶花园因要考虑建筑物载荷，一般选择密度较小的栽培介质，从而避免建筑物承受较大重量，对建筑物造成损害。通常选择的栽培介质由泥炭、珍珠岩、蛭石、堆肥的椰壳、棕榈丝、木屑等轻型材料配置而成，密度最好保持在0.5克每立方厘米左右。对一些承载力特别低的屋顶花园，应选用无土介质，即以织物为主添加营养剂，可以最大限度地降低屋顶载荷。

屋顶花园栽培介质要引入微生物

屋顶花园一般选用人工配制的轻型栽培介质，不宜直接使用自然土壤。配制的介质一般密度小、透水透气，而且保水保肥性较好。但这些人工介质有别于成熟的自然土壤，自身所含有效养分少而单一，肥效低，改善这一窘况的有效途径就是在施工过程中添加一定比例的外源微生物。通过添加有益菌，提高其种群数量，可以起到排挤和抑制有害菌，从而使介质像普通土壤那样与植物形成根基共生网络，促进植物健康成长。

5.5 绿化模块系统中容器的特点

绿化模块系统是植物、容器、栽培介质和种植设施的绿化集合体，是移动式绿化的基本单元，可用以组合拼接为及时成景的景观。绿化模块系统包括种植容器和灌溉系统两个部分，常因整体模块类型不同，其配套的栽培模块设施在类型、尺寸、样式、材质上也存在较大差异。

壁挂式植物种植模块

壁挂式植物种植模块是第一代绿化容器模块，该模块大幅度降低了垂直绿墙的建造成本，从而在全国规模化推广。种植模块可自由快速拼装组合使用，配有自动化滴管喷雾等辅助构件，可形成大规模建筑立面绿化景观。模块采用共聚聚丙烯塑料制作，并添加防紫外线、防腐化成分，符合现行国家标准及相关规定，是环保可回收材料，使用年限大于10年。

叠垒式花盆立体绿墙

叠垒式花盆立体绿墙是壁挂式植物种植模块的改进版，单位面积仅3.5千克。主要创新点在于花盆单体水土分离结构设计和整体浇灌防堵塞设计。改进式的立体绿墙采用套盆阻隔方式，将植物培养土套盆组合和储水空间分割，浇灌系统采用浸润灌溉方式，上层种植槽充满储水空间后，经由溢水孔向下依次溢流入各层种植槽，每层新型容器设置的蓄水型腔，每平方米可储水10升左右，满足植物20天不浇水。与传

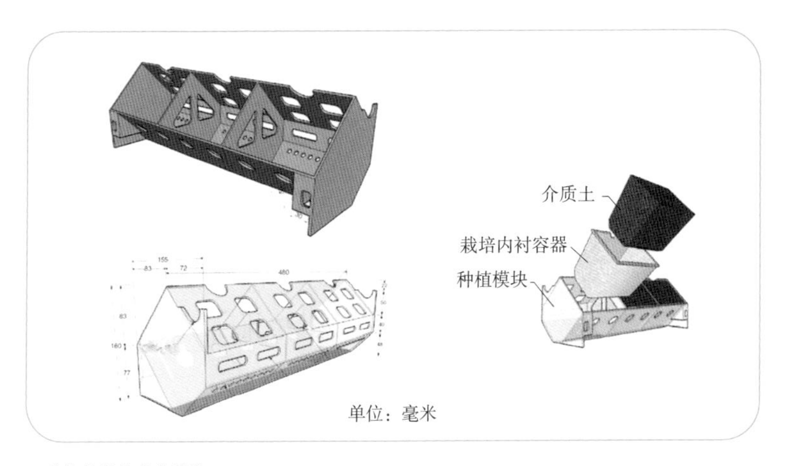

▲壁挂式植物种植模块

▼叠垒式花盆立体绿墙

统的滴灌方式相比，堵管次数减少了70%，浇灌系统稳定性提高20%以上，解决了立体绿化经常发生滴灌堵塞造成植物死亡的难题。

垂直绿墙种植箱系统

垂直绿墙种植箱系统，由种植箱和专用介质构成，种植箱包括固定框架、种植板、疏水板、隔温保湿层四部分。创新点是在种植板和疏水板间形成均匀一致的整体介质种植层，调节和供给根系对水肥的需求，为植物根系可持续生长提供充足空间。与常规垂直种植系统相比，减少根系的盘结，植物生长适中，生物量提高，景观效果维持延长，突破了墙体植物单次生长周期1～2年的局限，可持续生长超过10年。

这种垂直绿墙种植箱系统被称为“辰山种植箱”，这种种植箱造价仅为进口同类产品的十分之一，打破了国外相关产品垄断，应用在世界最大的上海世博会主题馆植物墙上，起到了示范引领作用，在全国规模化推广。辰山种植箱集容器与栽培介质一体化，可提供植物稳定的、长期的、整体的根系生长环境，最大程度增加了植物的根系生长空间，减少根域限制。

▲垂直绿墙种植箱系统

5.6 枯枝落叶也能用来改善树木的生长

城市中绿化面积快速增长的同时也带来了大量的绿化废弃物，就是俗称的枯枝落叶。这些绿化废弃物也面临着处置量大和再利用率低的难题。2016年仅上海建成区绿地每年树枝修剪物总量就约有70万吨，到2020年就增长到159万吨以上。这巨量的绿化废弃物中仅有20%被再次利用。虽然植物废弃物处置和再利用已形成共识，但总体技术水平较低。

植物粉碎物的应用不足

我国植物粉碎物主要有作为覆盖物和堆肥产品两种应用方式，对其他功能开发较少，比如生物炭富集改良作用、结构土木块填充剂等。植物粉碎物的应用一般都是从增加肥力角度出发，而对其用于绿地海绵体、结构土及生物质炭强化等方面的功能还有待加强。植物粉碎物应用缺少相应的配套技术或技术集成，单纯利用某种植物粉碎物存在缺陷，不能满足植物全生命周期生长的管养需求。

植物粉碎物可以用作绿化结构土

绿化结构土技术在国外具有较好的应用实践，它突破传统土壤学概念，通过添加石块来增加土壤孔隙度和耐压实能力，极大改善城市植物生境和雨水入渗能力，取得较好植物景观效果和生态效益。而位于冲积平原的上海由于缺少石粒来源，也制约了其在上海地区的推广应用。

◀ 正在腐熟过程中的植物粉碎物

▼ 将腐熟的植物粉碎物和碎木块、碎石块等混合在一起改良植物的土壤，增加土壤孔隙度和耐压实能力

借鉴自然土壤结构与功能，通过利用植物粉碎物多产品复配，研制出可持续绿地海绵体和全覆盖结构土等土地利用形式。适用于公园绿地的可持续海绵体结构由上到下依次包括表面覆盖层、过滤层、循环储水层、淋溶层和营养沉积层，土壤含水量提高1倍以上，提高了有机质、全氮、速效磷等养分含量，有效防止土壤板结和杂草生长。

适用于道路广场的树木根系健康生长的全覆盖土层为改进版结构土，其结构由下到上依次包括由木块砧覆盖的深埋层、大粒径木块覆盖的亚表层、绿化植物废弃物堆肥产品覆盖的改良层、小粒径木片覆盖的浅表层和大粒径木片覆盖的表层。整个土层结构有效改善土壤压实程度，确保植物根系能在亚表层甚至是深埋层健康生长，提高树木长势和管理水平。

基于自然的植物粉碎物解决方案，有效解决了城市日益增长的园林绿化养护产生的生物质垃圾处置问题，以及城市植物生境普遍存在的生长空间窄小、压实和积水严重，以及土壤贫瘠退化等障碍，有效缓解了由于土壤压实所导致的树木根系难以延伸和生长不佳的现象，促进城市植物的可持续生长和高效固碳，提升城市植物景观和市容市貌品质。

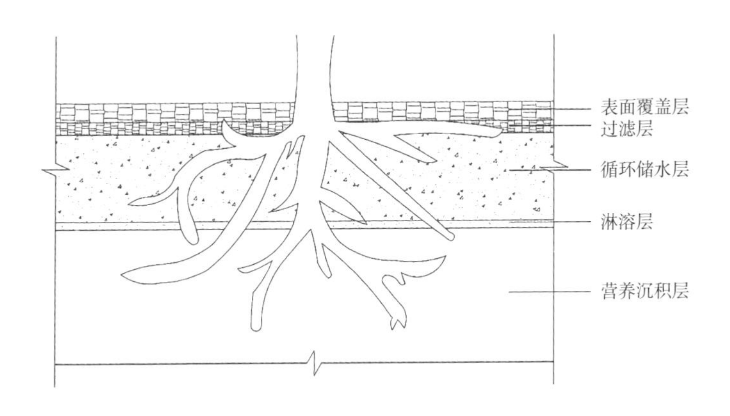

▲ 适用于道路广场的树木根系土层结构

▼ 植物粉碎物可以用在土壤改良的各个层次

5.7 城市自然再造及维持策略

城市的高密度形态、高强度职能提供人们便利的同时，也挤占大量自然空间，对生态环境和居民生活品质造成诸多负面影响。表现在连续的硬质化城市空间汲取了大量热量，产生了热岛效应；大量的硬质表面使雨水直接排入河道，无法补充地下水，在极端天气发生时常引发内涝等次生灾害。

为解决上述城市难题，上海辰山植物园科研团队已建立适应城市环境的植物收集与筛选、地下生长空间的生境重建、"生境—植物—管养"后评估等城市自然再造的园艺技术体系，包含了一系列创新成果。

新优植物的筛选

筛选新优植物，丰富城市植物多样性。为应对地上冠层和地下根部缺乏生长空间、土壤紧实、病虫害及因不透水表面导致的供水困难这些挑战，基于已经收集的1.8万种植物，从中选育出适生植物。

研发新型栽培介质材料

研发新型栽培介质材料，为自然再生的植被生境构建提供物质产品。根据植物需求，发明多功能、一体化装配式基质材料，将现有建筑物、构筑物表面转化为可供植物生长的生境，使现有的建筑环境成为中心城区自然再造的有效载体。

▼上海辰山植物园自主培育的玉兰新品种——紫云玉兰

发明绿化栽培新技术

针对城市大量不透水铺装、大量客流和车流对土壤的压实问题，开发出适合行道树植物根系生长、雨水渗流、人车踩压的地下空间构建技术，形成植物根系生境再造、配套透水铺装及地表覆盖技术体系。通过这种近似自然土壤的“透水面”城市海绵系统，雨水亦能下渗、过滤、净化，在不断补充地下水资源的同时，成为减少城市内涝的有效路径。针对有限生长空间的植物生长总体策略，使植物根部延展，并可持续供给营养的技术发明，确保植物在城市环境下长期持续健康生长。

在城市中再造自然

运用基于自然的策略理念，在城市中再造自然并持续维持，构建点、线、面结合的绿化景观体系，加强生物多样性保护，创造优美人居环境，促进城市宜居性，维持生态系统服务功能，最终加快传统城市向绿色与健康城市的转型。

▲在各种不透水面上种植植物

▲ 土壤条件好的区域加强绿化的多样性

▼ 城市立面利用移动式绿化技术增加绿化面积

5.8 如何让城市里的植物更加丰富多彩？

生活在城市中的人都希望在身边感受到自然的生机，这些生机的基础就是拥有丰富多彩的植物景观。每个人都不愿意生活在一个到处是单调乏味植物景观的城市，也不愿意看到周遭的植物缺乏活力，更不愿意远离自然界生机勃勃的环境。所以，提升城市的植物多样性是城市中的人们必要和迫切的精神需求。

多样的植物是人类赖以生存的重要资源，在超高人口密度的大型城市尤其如此。在城市中，植物的多样性不仅是城市生物多样性的基础，也是城市生态品质的保证，更是城市生态安全的底线。多样的植物为其他生物提供了食物、栖息地和庇护所，能够固定二氧化碳、吸收过量的太阳辐射、提高空气湿度、吸附空气中的微小颗粒，还能够将多余的雨水阻滞和储存起来。植物和其他生态因子共同构成了城市中的生态系统。

在一般人的概念里，城市的快速发展大量占据了原生植物的空间，城市化必然会带来物种多样性特别是植物物种多样性的丧失。澳大利亚阿德莱德都市区在1836～2002年的166年间乡土植物减少了约80种；上海自改革开放以来40多年间原生植物有近90余种很难再被找到。

这似乎是城市对自然的消极作用，但是城市中人口的集聚和发达的工商业对人类社会而言却又是不可或缺的。在二者的平衡中，简单地要求恢复城市在被人类占据前原有的自然风貌已经是不可能了，甚至是不必要的，这种返璞归真、回归原野的要求，事实上只能存在于纸面或者幻想中。

但城市建设者并没有对城市生物多样性的丧失听之任之，反而随着城市的快速发展，在城市中再造自然的理念开始逐渐形成。再造自然就是在

▲全本红楼梦图（清·孙温绘）
《红楼梦》的大观园中有240种植物，可见当生存的基本需求满足后，对周围环境的美化和多种多样植物的精神需求变得更加重要

▼城市中的植物与人的生活紧密相关

▲城市公园中种植了许多以观赏为主的树种

城市中以人为中心，动态调整城市生态系统中其他要素的关系，确保城市生态系统处于人工控制的稳态当中。

城市生态系统稳定的基础是生物多样性的丰富，而作为初级生产者的植物多样性成为城市生物多样性的基础。所以，在城市中再造自然，增加植物种类的多样性就成为基础中的基础。

以上海为例，提升植物种类的多样性一直是城市建设者最关注的问题。上海的绿化栽培植物种类从新中国成立初期的700余种增加到1999年的1250种，再发展到2020年的约2800

▲城市公园是城市生物多样性最为丰富的区域

种，增加了近4倍，充分说明了城市管理者对植物多样性指标的重视程度。

但与西方发达国家的大城市，如伦敦的栽培植物种类动辄4000种相比，我们还存在种类偏少、植物生长不良、难以长期持续维持等问题。究其原因，主要是缺乏与城市长远发展相匹配的绿化空间和树种规划，缺乏植物生长的空间，以及现有的植物生境不能满足要求等。不是我们不想提高植物的多样性水平，而是城市中各种特殊的生境条件成为限制植物种类增加的瓶颈。

为提升城市植物多样性水平，建议可从以下几个方面改进：

- 研究制定与城市长远发展相适应的绿地空间规划，适应城市发展和公众需求，确定空间位置和规模，并通过法律措施保护其不受影响，确保植物多样性的空间。

- 研究筛选适应人的需求、城市气候和环境条件的植物，制定长期的植物多样性发展计划，确保多样性的技术可能性。

- 拓展植物的生长空间，转化城市大量的不透水面，使其成为能够支撑城市绿化的载体，在可能的条件下，转化为可供植物生长的透水面。

- 根据当地的气候特点，研究改良城市植物生长的生境，让植物能快速恢复，并能让多种植物在一定人工干预下，长期健康持续生长，维持城市植物多样性水平。

▲ 上海辰山植物园的仿自然草甸

城市中种树的应用示范

6.1 上海辰山植物园枫香广场应用示范

6.2 上海辰山植物园樱花大道应用示范

6.3 上海虹梅南路高架下立体绿化示范

6.4 上海辰山植物园绿环屋顶绿化示范

6.5 上海世博主题馆墙面绿化的应用示范

上海市的面积仅有6340平方公里，但规划的公园数量多达1000座以上。不但公园有绿色，道路旁有绿色，防护林带有绿色，随着立体绿化的加强，建成区内各种建筑物的立面和顶面都将渐渐被绿色植物所覆盖。从“水泥森林”到今天的“千园之城”，上海正在努力把在城市里种树这件事情做到极致。

随着上海市不断举办世博会、亚信峰会、进博会、花博会等国际性会展，上海园林工作者利用会议保障的机会探索提高绿化质量，在会展和城市公园建设中不断突破，取得了很多应用示范。我们选取了一些城市园林技术的具体应用项目，带领大家领略城市绿化技术给人居环境带来的改善。

▶ 上海辰山植物园的整体景观

6.1 上海辰山植物园枫香广场应用示范

北美枫香是金缕梅科枫香属落叶高大乔木，原产北美，树高可达30米，枝干笔直，叶色季相变化丰富，春夏呈翠绿至墨绿色，秋季则变为黄色、紫色或红色，具有较高的观赏价值，是城市绿化的优选景观树种之一。由于北美枫香喜光、适应性强、耐轻度盐碱、耐水湿、耐寒、抗二氧化硫和氯气等优良特性，深受城市绿化欢迎。

然而，由于北美枫香是深根性树种，适生于深厚湿润疏松土壤，城市的硬质环境限制了它的广泛应用。城市硬质空间的核心问题是土壤来源复杂、硬化、僵化、生物活性低，不透水的铺装和人流、车流造成土壤压实，地下管线复杂，地下水位较高等。这些困难的生活条件导致北美枫香栽植成活率差，一定程度上影响了树种景观特性的发挥和应用。

为了解决这一问题，位于上海辰山植物园南门内侧的北美枫香树阵广场利用配方土和生境营造技术进行了树木生境重建。在半径约1.5米的种植坑中，70%～80%的空间被直径为5～6厘米的小碎石填充，其余部分才是土壤。这样的结构有助于雨水快速渗透入地下，为打造“海绵城市”作出贡献。同时，碎石抗压，可以避免因踩踏造成的土地板结，让树木有足够的呼吸空间。

经过5年的栽培，上海辰山植物园的枫香广场景观已经初成，在各类展览中形成非常良好的基础景观构架。特别是其饱满的树形可以形成良好的遮阴，在树荫之间可以搭配喜阳植物的展览，把树荫留给游客，将阳光送给植物，实现了树、人与景观之间的和谐共处。

▶ 上海辰山植物园的枫香广场经过5年的栽培已经绿树成荫

从2017年开始，这样的“碎石法”已经在杨浦区平顺路和辽源东路上，分别用于无患子树和北美枫香的种植。如今，该技术成果已在上海中心城区的淮海路、建国路、衡山路等路段以及金山区新山龙广场应用，显著改善了人行道和广场树木生长状况。

6.2 上海辰山植物园樱花大道应用示范

染井吉野樱花是世界上最常见的樱花品种之一，它是由东京樱花和山樱花杂交所产生的杂交品种。染井吉野樱高约5～12米，最高可达20米。花朵刚绽放时是淡红色，而在完全绽放时会逐渐转白。因为是人工育种，它无法自然结果繁衍，只能无性繁殖，正因为其无性繁殖的特性确保了所有的染井吉野樱花在花型、花色与花期等方面的高度一致性，从而形成了大面积同时开花和凋谢的壮观景象。

染井吉野樱喜光照充足、温暖湿润的气候环境；对土壤要求不高，以深厚肥沃的酸性砂质土壤生长最好；根系浅，抗风力弱，对高温和低温适应性较强，但温度过高和水分缺乏容易造成落叶。尽管如此，要把樱花种好，就必须为它提供合适的生长条件，满足它的各项生理需求。

上海辰山植物园的大部分区域在建园之前是当地农民的水稻田，土壤非常密实，缺乏孔隙，不适宜包括樱花在内的大多数园艺植物生长。2016年，上海辰山植物园针对原有土壤板结明显、排水不佳的客观情况，对樱花种植区域整体铺设地下排水系统，并对樱花进行了原位改土措施，在原有土壤中增加了有机质、砂石、土壤结构改良剂等，对原有土壤进行了全面优化，为植物根系的生长营造一个舒适的环境。

移栽定植后，经过观察试验并借助科学仪器，掌握樱花周年的水分及养分需求，对樱花进行精细的水肥管理，并着重在修剪、病虫害防治等方面加强日常养护，经过后续几年的观察，樱花长势得到明显改善。

采用专用配方土种植的染井吉野樱胸径年生长量达到1.5厘米，近2倍于普通种植的年增长量。目前，樱花大道上的植株胸径已达到30厘米，株形表现优异，长势颇佳。这些染井吉野樱花，不论从株高、株型，还是景观效果来看，都已经形成了绝佳的效果，这在很大程度上要归功于土壤改良和精细的养护管理。

上海辰山植物园的园艺工作者经过长期的研究和技术实践，还编写了《樱花种植养护技术规范》，为绿化行业提供了重要参考。未来的樱花大道将不仅局限在少数几个公园之内，有条件的话将会更多地在城市行道树中应用和推广。

▼上海辰山植物园的樱花大道经过7年的栽培已经初成规模

6.3 上海虹梅南路高架下立体绿化示范

在城市中，高架道路是其主要交通动脉。上海市现有大约400公里的高架道路，占地面积达到约800万平方米，约占中心城区面积的1%。如果将高架道路的立面和下层空间改造成绿化带，将会给中心城区带来人均0.3平方米的新增绿化面积。

传统上，高架道路下方空间的植物种植与利用比较有限，常见的只有爬山虎等攀缘植物和少数适应环境的植物，因为这些区域缺乏阳光和水分，同时也受到灰尘和尾气的影响。上海辰山植物园技术人员筛选了多种适应低光照环境的彩叶植物，并开发了适合在立面栽培的土壤基质，以丙烯酸、高岭土、绿化垃圾和吸水材料等合成配置的轻型介质土。这些适生植物和土壤基质的应用不仅能满足结构承重的要求，而且还能够吸收雨水或减少人工浇水的次数，提高高架道路下方空间绿化的可持续性。

研究人员在虹梅南路高架下元江路段建设了一座立体绿化墙，总面积超过1000平方米，是当时上海高架下最大的立体绿墙，在传统绿化不能抵及的区域开发出了新型绿化方式。最后，还将轻型种植容器、雨水净化利用设备、智能浇灌系统等设施整合在一起，成为一体化模块式立体绿化系统。该系统除了可以应用在城市高架道路下，还能用于学校、商场、公共建筑等不同场所的立体绿化。

通过技术人员的研究和实践，高架道路下部空间的绿化得到了很大的改善。适应低光照环境的彩叶植物在高架道路下形成了丰富多彩的景观，为城市增添了自然的美感。同时，立体绿化技术也为城市带来了更多的生态福利，如吸收噪声、净化空气、降低城市热岛效应等。这项技术的成功应用不仅对于上海市的城市绿化具有重要意义，也为其他城市提供了参考和借鉴。

▼ 上海虹梅南路高架下绿化的结构组成

6.4 上海辰山植物园绿环屋顶绿化示范

上海辰山植物园整体设计方案由德国瓦伦丁设计组合完成，把中国园林传统与现代景观设计理念相结合，融入植物园。布局上巧妙地表达了中国传统篆书中的“園”字包含山、水、植物和围护界限等景观要素，并采用大地艺术手法，把绿环与周围地形融为一体，彰显郊野公园风格，造就了富含独特优美景观的现代植物园。为了实现设计要求，植物园将主入口、综合楼、科研楼、温室及各个通道均融合在绿环风格之中，因而采用屋顶花园模式使建筑与绿环融为一体，并与交通空间相统一，实现了设计要求。

主入口为包括游客中心、展览大厅和行政管理中心在内的综合性建筑。在建筑的顶部实行屋顶绿化，植物材料以暖季型草坪为主。这种以草坪为主的屋顶绿化成本较低，管理简单，无须额外浇水便可以实现自然生

▼上海辰山植物园一号门半自然草坪屋顶绿化

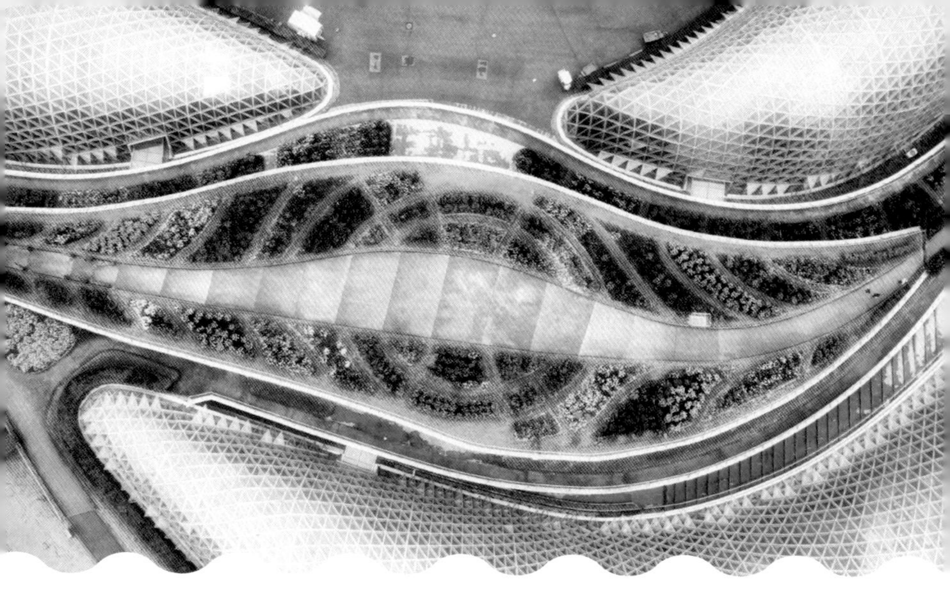

▲上海辰山植物园二号门种植槽式屋顶绿化

长。后期随着自然植物的逐步迁入，形成了具有独特季相的半自然草坪。

温室附近的屋顶绿化则与温室建筑融为一体，在预制的水泥种植槽中使用轻型介质种植月季等灌木型植物。种植槽将植物限定在预设的空间内，避免根系破坏建筑物结构。在施工时做好防水并根据坡度设计好排水出口。在种植槽下部铺设蓄排水板和过滤层并用无纺布满铺，预设给水管网，实现自动浇灌。这种种植槽可以安排大型灌木甚至小型乔木的种植。

总体而言，上海辰山植物园绿环上各建筑的绿化方式属于粗放式屋顶绿化，与当今流行的组合式和集约式屋顶绿化相比非常节约成本，并能够长时间地自然维持，无须过多人工打理，适合于各种公共建筑使用。

6.5 上海世博主题馆墙面绿化的应用示范

世博主题馆是2010年上海世博会最重要的展馆之一，是世博核心区的重要组成部分，现已转为标准展览场馆。在主题馆设计和建造的过程中，其运用的多项工程技术都拥有完全自主知识产权并拥有国家专利。其中的植物生态墙更是成为该届世博会的亮点之一。

植物生态墙建成于2009年9月，单体长180米，高26.3米，东西两侧布置的植物墙总面积达5000平方米，是当时世界上已建成的最大的建筑生态绿墙，是日本爱知世博会绿墙面积的2倍。

在超规模、高难度的钢结构大型建筑外立面上打造富有生机、即时成景且长期稳定的植物墙，并非易事！这里面有着一整套先进的绿化技术，包括种植模块、介质配比、植物选择以及精准灌溉等多方面。

由于建筑高27.7米，一般的藤蔓植物无法在短期内达到绿化整体墙面的效果，且主题馆位处世博客流集中场所，绿化不能落地；同样出于安全

▼2010年上海世博会主题馆展馆

考虑，要求大型钢结构的荷载，以及所用植物及介质等不能松散脱落。此外，为了绿化景观及生态效果的长期维持，需要筛选在上海适生、高抗且美观的植物。技术上还要做到模块便于装卸、适时更替和日常管养等。

综合景观、生态和安全因素考虑，绿墙最终采用了大花六道木、匍枝亮叶忍冬、红叶石楠、金森女贞、花叶络石5种灌木及藤本。它们适应性好，抗性强，覆盖性强，色彩丰富，有红绿黄等多种颜色，且具有季相变化。如红叶石楠春季新叶红艳，夏季转绿，秋冬季再度变红，经历低温红色更艳。金森女贞则具有黄绿双色，除夏季高温部分叶片转绿外，其余三季以金叶为主。

整面的外墙绿化不但增加了整个区域的绿化率，而且对主题馆内部大空间的温度也起到很好的调节作用：绿化在夏季阻隔太阳辐射，降低热传导，使外墙表面附近的空气温度显著降低；冬季不影响墙面得到太阳辐射热，形成保温层，使风速降低，延长外墙的使用寿命，是主题馆建筑节能设计的重要组成部分。

▼ 钢骨架墙体上种植的灌木和藤本植物

科学、精美、环保的生态绿墙，体现了“城市，让生活更美好”的上海世博会主题，推进了我国空间绿化的发展，在建筑立面绿化与建筑一体化设计与实施、质量控制、安全可靠性等方面提供技术支撑；采用先进成熟的模块、介质、构架及喷灌技术，为立体花坛的建造提供了借鉴和参考。

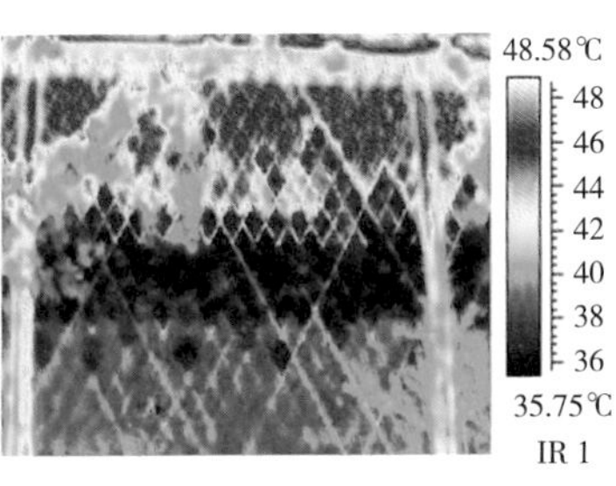

▲ 热成像数据显示，有植物区域的温度比没有植物区域低很多。可见立体绿化在降低建筑表面温度方面有显著的效果

红叶石楠　　匍枝亮叶忍冬　　金森女

▲ 上海世博主题馆墙面绿化钢结构骨架

▼ 上海世博主题馆墙面绿化使用的植物种类

大花六道木

花叶络石

7 在城市里实现树与人的和谐

7.1　种下有历史的树，营建有温度的城

7.2　植物如何与城市生活融合在一起？

上文已经详细介绍了城市里为什么需要树、城市里哪里可以种树、种好树对城市有什么好处等问题，以及城市里种树的困难点在哪里、怎么样才能种好城市里的树，还介绍了一些新型城市绿化技术的应用示范，让人们能够直观感受到有良好植物伴随的城市将会多么美好。

而当我们结束了园艺工作，放下工具、脱下工作服之后，不禁又会想到那些更深层次的问题：城市园艺工作者所做的这一切都是为了什么？我们为什么要在城市中种树呢？为什么非要照料各种各样的植物，让它们在城市中生长呢？

在本书的最后，我们就来总结一下，怎么样在城市中实现植物与人的和谐共处。

7.1 种下有历史的树，营建有温度的城

城市是现代文明的代表，是人类智慧的结晶。在城市中，我们享受着便捷的交通、美丽的建筑、多彩的文化和舒适的生活。但是，城市也常常让人感到匆忙、浮躁和冷漠。

要营建有温度的城市，首先需要种下有历史的树。历史是城市的根基，是城市文化的源头。一般认为历史在城市中是以建筑物为主要展现方式，但实际上缺乏保养的建筑很快

▲用竹篱笆来做道路绿化

就会失去其往日的荣光。植物却能够长久保持生命力，例如上海的0001号古银杏，已经在嘉定安亭生长了1200年，依然保持着旺盛的生命力。显然植物比人类能够更长远地见证城市的历史。

城市为人类提供了便利的生活条件，也由于人类的集聚，城市往往给人冷漠的感受。为了营造一个有温度的城市，我们还需要关注人与人之间的互动和交流。互动交流就需要有足够的公共空间，让人们能够聚集在一起。这些空间往往需要植物的参与，一方面公共空间需要有足够的绿化，另一方面绿化不能占据过多的地面空间。这样的一组矛盾首先需要尽可能地将大树下的荫蔽空间开放给行人，让人能够靠近植物，还要尽可能利用立体绿化、屋顶绿化和移动式绿化在人不容易到达的空间加强绿化，增加植物的数量和多样性。

此外，城市也需要有更多的文化活动和艺术表演，让人们在繁忙的生活中得到放松和享受。有植物陪伴的公共空间就可以在建筑之外增加文化艺术活动的场所，比如近年来流行的草地音乐会、帐篷露营节等活动都离不开植物的加持。未来，树木的枝上空间、屋顶花园等更多的绿色空间都能够增加城市生活的活力。

除了公共空间和文化活动，城市的建筑设计也需要注重人性化和环保。建筑物不仅需要满足功能需求，还需要考虑人们的舒适和健康。例如，建筑物的外立面可以采用绿色墙面来提升空气质量和美感，屋顶可以设计成绿化天台，提供

▼上海市嘉定区安亭镇古树公园上海0001号古银杏树

更多的绿色空间和减少热岛效应。建筑物的设计也需要注重环保，采用可再生能源和节能技术，减少能源浪费和环境污染，实现城市的可持续发展。

有温度的城市需要人与人之间的交流，也需要植物的陪伴和帮助。人类用了一万年时间将森林建设成为城市，而一万年后的今天，人们又要在城市里建设森林。“种下有历史的树，营建有温度的城”是我们建设美好城市的重要任务。只有让城市充满了历史和文化，才能让城市变得更加有生命力和活力。只有让城市充满了人情味和归属感，才能让城市变得更加温馨和舒适。

▼ 上海辰山植物园的草地音乐会

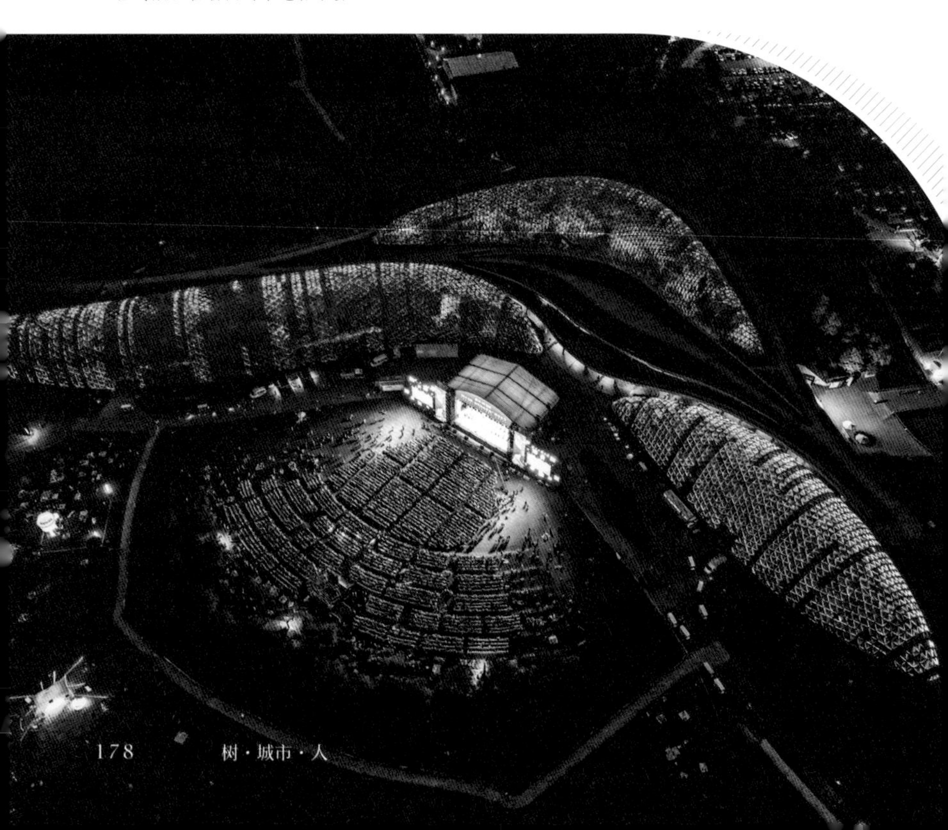

7.2 植物如何与城市生活融合在一起?

在这本书要结束的时候，让我们再回想一下那句话：把植物当成人。

把植物当成人，一方面是想在城市中种好树所需的思想上的先决条件，为此要了解各种植物的需求，知道城市里可以种哪些植物，可以把植物种在哪里，可以采取什么手段种好植物。另一方面，这也是想让植物融入城市生活所需的先决思想条件——只有把植物看成人，才会珍惜它们，不轻率种植它们，也不轻率毁灭它们，让它们能够尽量长长久久地存在。这有点像是养育后代，只有把孩子看成人，才会珍惜他们，首先要慎重考虑是不是要孩子，一旦决定生育，在孩子出生之后就要好好呵护，让他们能够健康茁壮地成长。

仍然以树木为例。在种树之前，必须意识到它们的种植会受到城市人主观需求的制约。人的活动需要一定的地面空间，城市里的各种公共设施设备也需要占据一定的地面空间。我们既希望树木能够发挥最大的功能，又不希望它们占据太多地面空间，影响人的生活，这样就要考虑如何尽可能让树木少占地面空间，而更多利用上层空间，从而和人的空间正好错位，互不干扰。没有了这种空间冲突，人与树的关系也就更为和谐，从而有助于树木的长久存在。

更重要的是，树木作为体形魁梧的植物，它们的种植必须与城市的长远规划合拍。树一旦种下去，就不宜再移动。所以对于城市中硬化程度较高、不易安排绿化空间的那些区域，要么不种树，非种不可的话，也应该利用移动式绿化技术将树种植在容器内，方便以后调整规划时可以将树木方便地移走，而不致其死亡。与此相反，有意保留几十年、上百年以至更长时段的公园绿地应该是城市规划的有机部分，在这些区域中不仅要种树，而且还要以树木为骨干，设法提高植物的多样性水平，以数十年之功，打造城市中的微型自然生态系统。

诚然，城市是在不断发展着的，因此谁也没有神奇的魔力能全面预见100年乃至更长时段后的城市会成为什么样子，知道今天种下的植物届时是否能如愿保存下来。但如果不考虑不可抗力，我们总归还是能预判城市区域的大致发展方向和目标的，因此从一开始就应该尽量让树木的种植与城市规划协调，让它们能在一个地方长久保留下来，生长成为古树，变成城市的一个文化标志。说得简单直白点：在城市中种下每一棵树时，都要预想它在将来能形成一个地标。

要想让树木长久存在，必要的技术加持不可少。树木的寿命本身有长有短。虽然选择长寿树种是让树木形成地标的重要条件之一，但如果种下去就不管不问，这些树未必就能实现人们的愿望。如果能运用园艺技术，确保树木在人工环境条件下持续健康生长，那它们就更可能健康长寿，成为人们的精神寄托。甚至那些较为

◀古树往往可以形成一个社交的中心

短命的树种，在细心的呵护下，也能有较长的寿命，从而具备抚慰情感的功能。同样说得简单直白点：要实现人与植物的和谐共处，首先要做到种一棵树，就能长成一棵树。

也许几十年后，今天曾为城市绿化殚精竭虑的园艺工作者们，可以坐在高大老树的繁茂树荫下面，看着高低错落的草木，听着鸟儿的鸣啭，回想起一万年前，人类从居无定所的狩猎－采集生活转向定居的农业生活，逐渐构筑起越来越大的聚落，从村舍，到小镇，再到城市，由此也开始了与植物之间越来越紧张的关系。工业革命为人类带来了全新的生活方式和巨大的福祉，却也一度让城市中人与自然的关系紧张到了极点。然而幸亏人是有理智、能反思的动物，通过重新思考自然的意义，我们逐渐与植物和解，让它们回到城市中来，回到我们身边。城市生态永远不可能恢复成自然生态的样子，但同样可以达成一种和谐、自在的状态。正是这种和谐的可能，能够为我们的生命赋予意义。